LOCUS

LOCUS

LOCUS

LOCUS

from
vision

A Book Laboratory Book
THE UNIVERSE IN A NUTSHELL

Copyright © 2001 by Stephen Hawking
Original illustrations © 2001 by Moonrunner Design Ltd. UK
and The Book Laboratory™ Inc.
Chinese translation copyright © 2001 by Locus Publishing Company
Published by arrangement with Writers House, LLC
through Bardon-Chinese Media Agency
博達著作權代理有限公司
ALL RIGHTS RESEVED

Locus Publishing Company
11F, 25, Sec. 4, Nan-King East Road, Taipei, Taiwan
ISBN 957-0316-98-5 Chinese Language Edition
December 2001, First Edition
Printed in Taiwan

胡桃裡的宇宙

作者：史蒂芬・霍金 (Stephen Hawking)
譯者：葉李華
責任編輯：陳小英 美術編輯：何萍萍
法律顧問：全理法律事務所董安丹律師
出版者：大塊文化出版股份有限公司
台北市105南京東路4段25號11樓
TEL: (02) 87123898 FAX: (02) 87123897
www.locuspublishing.com
讀者服務專線：0800-006689
郵撥帳號：18955675 戶名：大塊文化出版股份有限公司
行政院新聞局局版北市字業字第706號
版權所有・翻印必究

總經銷：大和書報圖書股份有限公司 地址：新北市新莊區五工五路2號
TEL: (02) 8990-2588 8990-2568（代表號）   FAX: (02) 2290-1658
製版：源耕印刷事業有限公司
初版一刷：2001年12月
初版24刷：2018年3月

定價：新台幣500元

胡桃裡的宇宙
The Universe in a Nutshell

Stephen Hawking 著

葉李華 譯

史蒂芬・霍金攝於2001年

（Stewart Cohen作品）

自序

　　當年，我並未指望自己的科普著作《時間簡史》會那麼成功。它在倫敦《週日時報》的暢銷書排行榜上長達四年，打破過去所有的紀錄；更值得一提的是，它並不是一本簡單的科學書籍。此後，就不斷有人問我何時會寫續集。我則是一律婉拒，因為我不想寫一本《時間簡史之子》或《時間簡史大結局》，何況我的研究工作十分忙碌。不過我逐漸體會到，確有必要寫一本風格不同而且比較淺顯的書。《時間簡史》是採用直線式架構，幾乎每章都和前面各章的內容有關。這種安排確實吸引住某些讀者，但很多人在前幾章就卡住了，以致未曾讀到後面更精采的內容。本書則不然，它比較像一棵樹：第一、二章是主幹，其他各章全部是分枝。

　　這些分枝彼此之間相當獨立，在讀完兩章主幹後，先看哪一章都沒關係。這幾章所涵蓋的內容，都是在《時間簡史》出版之後，我曾經研究過的題目或思考過的問題。因此這些內容所呈現的，乃是當今最活躍的幾個研究領域。在每一章裡，我也試圖避免單線的結構。就像一九九六年出版的《圖解版時間簡史》，本書中的插圖與圖說，提供了另一條深入本文的捷徑。而那些「單元框」中的文字，則幫助讀者在本文之外，對某些題目做更深一層的探討。

一九八八年，《時間簡史》剛出版的時候，終極的「萬有理論」似乎已經近在眼前。這些年來，情況又是如何改變呢？我們是否更接近目標了？正如本文將會討論的，我們又有了長足的進展。但它仍然是個進行式，終點並未遙遙在望。有句古老的格言說：與其抵達目的地，不如永遠充滿希望走下去。我們對發現的渴求，驅動著我們在各種領域中發揮創造力。假如我們真抵達終點，人類的精神反將萎縮進而死亡。但我不相信我們會停下來──即使不再向更深處鑽研，仍會向更複雜的問題挑戰，而且會一直不斷開拓無限的可能。

　　這些日新又新的發現以及不斷浮現的宇宙真相，我希望和大家分享它們所帶來的激動與喜悅。不過或許是親切感使然，我對自己的研究領域著墨特別多。這些研究的細節非常專業，但我相信介紹概念並不需要用到太多數學。我只能說，希望自己做到了。

　　本書是在許多人大力幫助下完成的。我特別要感謝協助繪製簡圖、撰寫圖說與單元框的Thomas Hertog與Neel Shearer，以及負責編輯手稿（更正確地說是電腦檔案）的Ann Harris與Kitty Ferguson，還有負責繪製插圖的Book Laboratory (Philip Dunn)與Moonrunner Design兩家公司。但我更要由衷感謝的，是那些讓我得以過著相當正常的生活、並能繼續科學研究的女士先生。沒有他們，我不可能寫出這本書來。

史蒂芬・霍金
二○○一年五月二日於劍橋

譯序

　　譯介一本圖文並茂的宇宙學通俗讀物，是我多年來的一大心願。如今在因緣際會下，我譯出了傳奇科學家霍金的這本新書。忝為科普翻譯的老兵，本書對我仍是一大挑戰。一來由於英文版尚未出版，我只能根據手稿與校樣逐步譯出，無形中增加不少困難。二來書中許多術語在中文世界從未出現過，我必須以大膽假設、小心求證的精神，為這些專有名詞定出最妥貼的譯名。

　　在翻譯過程中，我還偶爾發現並改正一些小錯，且曾數度向作者反應，希望英文版也能盡善盡美。甚至在「名詞解釋」部分，由於我堅持有些原文條目太過簡略，最後獲得作者授權作小幅度補充。因此我能大言不慚地說，在某些細節方面，中文版比英文版更詳實、更正確。

　　無論內容或譯名的考據，都曾承蒙國內眾多知名學者大力相助。包括台大物理系的高涌泉教授、賀培銘教授與曾耀寰博士，以及成大物理系主任傅永貴、清大物理系教授闓愛德、中研院史語所研究員王道還，此外還有《物理學名詞》審查委員會多位同仁。在此謹向他們致上誠摯的謝意。

　　最後，我要特別感謝領我進入科普圈的高希均教授與林和教授。假使沒有他們給我嘗試的機會，八年來我不會有那麼多的「喜悅時光」。

葉李華

二○○一年十月四日於新竹

量子力學

M理論

廣義相對論

十維膜理論

p維膜

超弦

十一維超重力

黑洞

$E=MC^2$

目錄

胡 桃 裡 的 宇 宙

第一章
相對論簡史

愛因斯坦怎樣為廿世紀兩大基本理論
「廣義相對論」與「量子理論」奠基？

Professor Einstein

Albert Einstein™

con

A. Einstein

一八七九年，狹義相對論與廣義相對論的發現者愛因斯坦生於德國的烏爾姆。次年，他們全家搬到慕尼黑。在那裡，父親赫曼與叔父雅各創立了一家電機小工廠，不過生意不很成功。愛因斯坦並非天才兒童，但若說他成績很差似乎又太誇張。一八九四年，父親的生意失敗，於是舉家又遷往米蘭。但雙親決定讓愛因斯坦留下來，以便完成學業。可是愛因斯坦厭惡德國學校的獨裁作風，於是幾個月之後，便前往義大利與家人團聚。後來，他在蘇黎世完成學業，於一九○○年畢業於著名的「聯邦工藝學院」。求學期間，由於喜歡辯論又厭惡權威，害他得不到任何教授的垂青。因此畢業後，沒有教授願意雇他當研究助理──通常這才是學術生涯的起點。兩年過去了，他終於在位於伯恩的瑞士專利局找到一個低階職位。就是在這個工作崗位上，他於一九○五年寫出三篇著名的論文，使他一舉成為世界級的頂尖科學家，並且引發了兩個觀念上的革命，改變了我們對於時間、空間以及宇宙真相的瞭解。

十九世紀末，科學家相信他們對宇宙的描述已接近完美。他們想像空間充滿一種叫作「以太」的連續介質；正如聲音是空氣中的壓力波，光線與電波是以太這種介質中的波動。只要仔細測量以太的彈性，便能讓這個理論十全十美。事實上，為了進行這樣的測量，哈佛大學的傑佛遜實驗室建造時未曾使用任何鐵釘，以避免精密的磁性測量受到干擾。然而，他們卻忘了這座實驗室是以紅磚當建材（哈佛的建築大多如此），而紅磚裡含有大量的鐵質。這棟建築物至今仍在使用，而哈佛當局仍不確定無鐵釘的地板能支撐多少重量。

Albert Einstein™

1920年的愛因斯坦

在以太中行進的光線

（圖 1.1，上圖）
固定以太理論
假使光線是以太這種彈性物質中的
波動，那麼在衝向光線的 a 太空船
看來，光速應該比較高，而在與光
線同向的 b 太空船看來則會較低。

（圖 1.2，次頁）
比較沿地球軌道方向的光線，以及
垂直地球軌道的光線，結果發現兩
者速率相同。

　　十九世紀結束之際，「無所不在的以太」這個想法開始
出現問題。根據假設，光線會以固定速率通過以太。不過，
假如你在以太中的運動方向與光線一致，光線看來就會慢一
點；反之，假如你的運動方向與光線相反，光線就會顯得快
一些（圖1.1）。

　　然而，設法證明上述理論的實驗，卻一個接一個失敗
了。這些實驗中最仔細、最精確的一個，是一八八七年邁克
生與莫雷在美國俄亥俄州克利夫蘭的凱斯應用科學學院所做的。
他們的方法，是比較互相垂直的兩道光束之速率。隨著地球
的自轉與公轉，這個實驗裝置在以太中以各種速率、各種方
向運動（圖1.2）。可是無論就一天或一年的週期而言，他倆
都找不到兩道光束的速率有何差別。彷彿無論你身在何處，
無論你的運動速率或方向為何，光線和你的相對速率總是固
定的（參見第8頁，圖1.3）。

　　根據「邁克生—莫雷實驗」的結果，愛爾蘭物理學家菲
次吉拉與荷蘭物理學家洛倫茲提出假設，認為穿越以太的物
體會變短，而穿越以太的時鐘會變慢。這兩種現象讓任何人
測得的光速都一樣，無論他與以太如何相對運動都不會有影
響。（請注意，菲次吉拉與洛倫茲仍將以太視為實際存在的

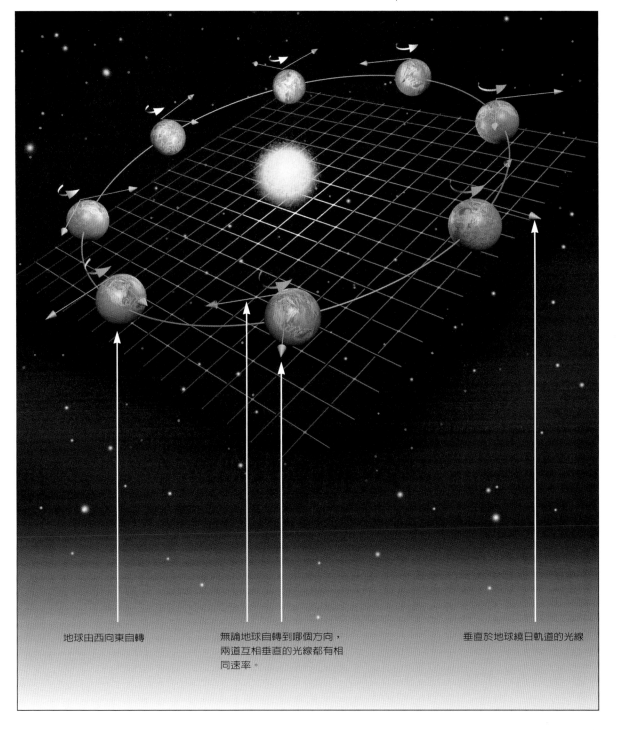

地球由西向東自轉

無論地球自轉到哪個方向，
兩道互相垂直的光線都有相
同速率。

垂直於地球繞日軌道的光線

（圖1.3）測量光速
在「邁克生—莫雷干涉儀」中，光線自光源射出後，被半塗銀鏡（塗銀的半透明玻璃）分裂成兩道光束。這兩道光束沿著互相垂直的方向前進，等到再度通過半塗銀鏡之後，兩者又合爲一道光束。假使兩道光束的速率不同，第一道光的波峰就可能遇到第二道光的波谷，使兩道光束互相抵消。

右側：根據1887年《科學美國人》的原始文獻重繪的實驗草圖

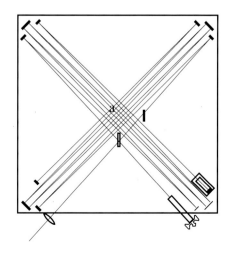

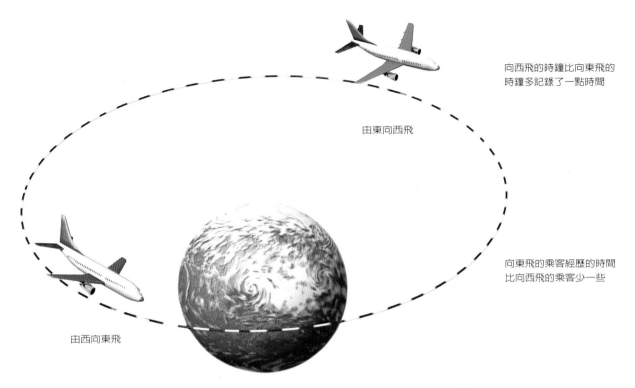

向西飛的時鐘比向東飛的
時鐘多記錄了一點時間

由東向西飛

向東飛的乘客經歷的時間
比向西飛的乘客少一些

由西向東飛

物體。）然而,在一九○五年六月寫成的一篇論文中,愛因
斯坦指出:假如你無法偵測自己是否在空間中運動,那麼以
太這個觀念就是多餘的。而他改採的出發點,則是假設對於
任何不受外力的觀測者,所有的物理定律都應該相同。尤其
重要的是,他們無論運動得多快,測得的光速都應該一致。
換言之,光速與觀測者的運動無關,而且各個方向也都一
樣。

　　要做這樣的假設,就得揚棄「時間是個普適量」、「任
何時鐘測得的時間都一樣」這種觀念。其實恰恰相反,每個
人都有他自己的時間。假如兩人相對靜止,他們的時間才會
相同;倘若兩人有相對運動,那就不可能一致了。

　　目前已經有許多實驗證實這個想法,包括讓兩架飛機以
相反方向繞著地球飛,回到機場後,發現兩者攜帶的精密時
鐘出現非常微小的差異(圖1.4)。這似乎給我們一個啓示:
假如你想活久一點,就該不停向東飛,好讓飛機速率給地球

(圖1.4)
科學家曾用兩座精密時鐘做實驗,
檢驗孿生子弔詭(參見第10頁,圖
1.5)的正確性。兩座時鐘以相反方
向沿著地球飛行,當兩者再度相遇
時,向東飛的時鐘慢了一點點。

（圖1.5，左頁）

孿生子弔詭

在相對論中，每個觀測者都有自己的主觀時間，這就會導致所謂的「孿生子弔詭」。

孿生子中的哥哥（a）以接近光速進行太空旅行，而他的弟弟（b）則留在地球上。在滯留地球的弟弟看來，哥哥的太空船因為在運動，所以上面的時間過得比較慢。因此當哥哥（a2）回來的時候，會發現弟弟（b2）變得比自己老很多。

雖然這件事似乎有違直覺，如今卻已經有好些實驗，顯示在這種情況下，運動中的孿生子的確會比較年輕。

（圖1.6，右圖）

太空船以4/5光速從左向右通過地球，艙內底端發出一道光線，抵達頂端後再反射回去（a）。

艙內與地球上同時有人觀測這道光線。由於太空船在運動，兩人對於光線行進的長度有不同的看法。

因此，對於光線行進的時間，兩人的看法也勢必不同。因為根據愛因斯坦的假設，對於所有不受外力的觀測者，光速應該都是完全一樣的。

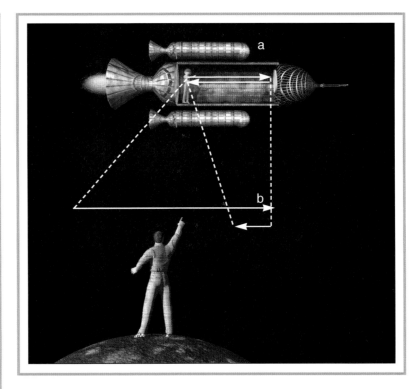

自轉速率錦上添花。然而，你雖然賺到或許千萬分之一秒，卻會因為機上的飲食而大大折壽。

　　愛因斯坦的假設：「對於任何不受外力的觀測者，物理定律皆應相同」，乃是相對論的基石。相對論所以稱為相對論，正是因為它主張唯有相對運動才有意義。無論就美感或簡潔而言，相對論都說服了許多科學家與哲學家，但是反對者仍然不少。愛因斯坦推翻了十九世紀科學的兩大絕對觀念：由以太所代表的「絕對靜止」，以及放諸宇宙皆準的「絕對時間」或「普適時間」。許多人覺得這是個令人不安的想法，他們問道：這是否代表一切的一切都是相對的，世上因此沒有絕對的道德標準？一九二○與三○年代，這種不安的情緒有增無減。一九二一年，愛因斯坦榮獲諾貝爾物理獎，獲獎原因卻是一九○五年所做的另一項研究。這項研究成果雖然重要，以他自己的標準而言卻微不足道。頌詞中並未提

（圖1.7）

到相對論，因為諾貝爾獎委員會認為它太具爭議性。（至今我仍然每週接到兩三封信，告訴我愛因斯坦搞錯了。）話說回來，科學界如今已經全盤接受相對論，它的預測也在無數應用中得到驗證。

相對論推導出一個非常重要的結果，那就是質量與能量的關係。「光速在任何人看來都一樣」這個假設，隱含了任何物體都無法超越光速的結論。假如你利用能量使物體加速，無論是基本粒子或太空船，它的質量都會增加，使它愈來愈難繼續加速。你不可能把物體加速到光速，因為那需要無限大的能量。能量與質量是一體的兩面，這就是愛因斯坦的著名公式$E=mc^2$（圖1.7）。或許所有的物理公式中，這是唯一家喻戶曉的一條。它使我們瞭解到，假如鈾原子的原子核分裂成兩個較小的核（兩者的質量總和比鈾原子核輕一點），就會釋放出巨大的能量（參見第14頁，圖1.8）。

一九三九年，另一場世界大戰眼看就要爆發，幾位瞭解上述推論的科學家經過一番努力，說服了自認是和平主義者的愛因斯坦，請他在一封寫給羅斯福總統的信上簽名，信中力主美國應該開始核武的研究。

這封信催生了「曼哈坦計畫」，最後導致一九四五年廣島和長崎遭到原子彈攻擊。有些人將原子彈的罪孽算到愛因斯坦頭上，因為是他發現了質量與能量的關係，可是這就好像由於牛頓發現了重力，而將墜機事件一律歸咎於他。愛因斯坦本人並未參與曼哈坦計畫，投彈的消息更是令他大感震驚。

一九○五年，發表了幾篇驚天動地的論文之後，愛因斯坦隨即在科學界揚名立萬。不過直到一九○九年，他才在蘇黎世大學獲得一個教職，讓他得以離開瑞士專利局。兩年後，他跳槽到布拉格的一所大學，卻在一九一二年又回到蘇

**愛因斯坦1939年
寫給羅斯福總統的信**

過去四個月來，由於朱利歐在法國以及費米和齊拉德在美國的研究成果，於大量鈾元素中觸發連鎖核反應已經是可能的事。在這個過程中，會產生巨大的能量以及大量類似鐳元素的新元素。現在看來，幾乎可以肯定，這在不久的將來便會實現。
這個新的物理現象也能用來製造武器，可以想像得到（雖然無法確定）有可能因此造出極具威力的新型炸彈。

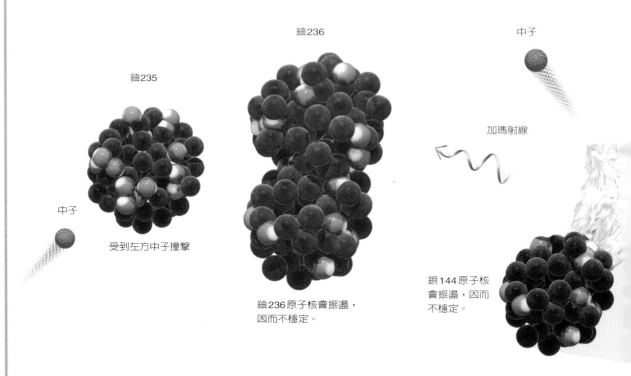

鈾235

中子

受到左方中子撞擊

鈾236

鈾236原子核會振盪，
因而不穩定。

中子

加瑪射線

鋇144原子核
會振盪，因而
不穩定。

（圖1.8）
核結合能

原子核由許多質子與中子組成，靠強核力將它們拉在一起。可是，原子核的質量總是小於各個質子與中子的質量總合。這兩者的差額，正好能用來度量原子核的結合能。根據愛因斯坦關係式，可算出核結合能等於 Δmc^2，其中 Δm 等於「質子與中子個別質量的總合」減去原子核的質量。

核彈的毀滅性爆炸力，就是這個能量釋放出來的結果。

黎世，這次是任教於聯邦工藝學院。當時歐洲各地瀰漫著反猶太主義，連校園裡也無法倖免，不過沒關係，如今他已是炙手可熱的學術明星。從維也納到猶翠特，許多大學都對他招手，他卻選擇進入柏林的「普魯士科學院」擔任研究員，因為這個職位沒有教書的義務。他於一九一四年四月搬到柏林，妻子和兩個兒子也很快搬來團聚。然而這段婚姻已經出現裂痕，妻兒不久便回到蘇黎世。雖然他偶爾會去探望他們，夫妻倆最後還是離婚了。後來，愛因斯坦娶了同住在柏林的表姊愛爾莎。第一次大戰期間，愛因斯坦過著單身生活、沒有任何家累，或許是他這幾年間學術成就如此豐碩的原因之一。

相對論雖然與電學及磁學定律水乳交融，卻與牛頓重力定律並不相容。根據這個重力定律，某個區域的物質分布一旦改變，引發的重力場變化會在瞬間傳到宇宙各處。一來這意味著以超光速傳送訊息是可能的（相對論卻禁止這種事

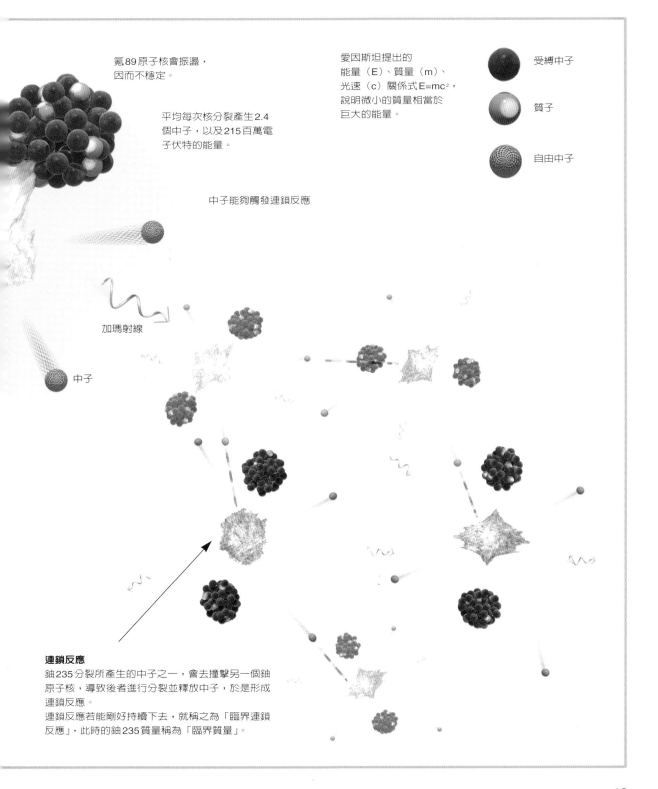

氪89原子核會振盪，
因而不穩定。

平均每次核分裂產生2.4
個中子，以及215百萬電
子伏特的能量。

愛因斯坦提出的
能量（E）、質量（m）、
光速（c）關係式$E=mc^2$，
說明微小的質量相當於
巨大的能量。

受縛中子

質子

自由中子

中子能夠觸發連鎖反應

加瑪射線

中子

連鎖反應

鈾235分裂所產生的中子之一，會去撞擊另一個鈾
原子核，導致後者進行分裂並釋放中子，於是形成
連鎖反應。
連鎖反應若能剛好持續下去，就稱之為「臨界連鎖
反應」，此時的鈾235質量稱為「臨界質量」。

（圖1.9）
一個關在電梯裡的觀測者，無法分辨這座電梯是靜止在地球上（a），或是在太空深處受到火箭加速（b）。
假如把火箭引擎關掉（c），他會覺得電梯彷彿是地球上的自由落體（d）。

情），二來為了定義「瞬間」的概念，絕對時間（普適時間）也就勢必存在。可是相對論卻認為只有個人時間，根本沒有什麼絕對時間。

一九〇七年，愛因斯坦仍在專利局的時候，便已經體認到上述的矛盾。可是直到一九一一年，他才在布拉格開始認真思考這個問題。不久他瞭解到，加速度與重力場之間有很密切的關係。一個關在電梯裡的人，無法分辨電梯是靜止於地球的重力場中，還是在外太空被火箭加速。（當然啦，那時候還沒有「星艦」劇集，所以愛因斯坦假想把人關在電梯

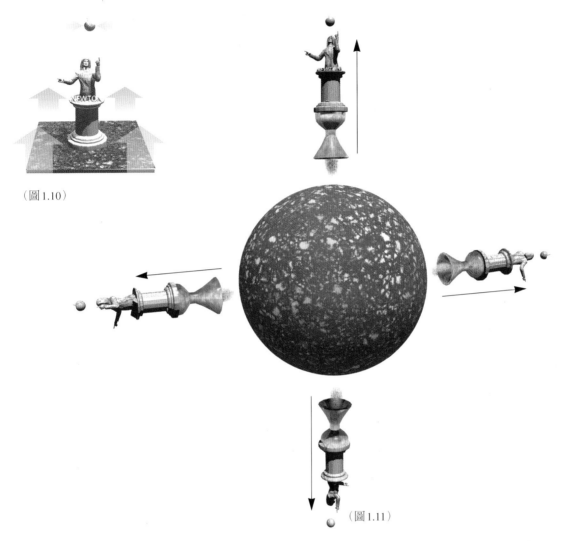

（圖1.10）

（圖1.11）

內，而不是太空船中。）問題是待在電梯裡面，無論加速或是自由墜落，都會很快發生悲劇（圖1.9）。

　　假使地球是平的，當你看到牛頓被蘋果砸到腦袋，你既可說是蘋果因重力而墜落，也能說是牛頓與地面一起向上加速，兩者同樣合情合理（圖1.10）。然而，對於一個圓圓的地球，加速度與重力的等效性似乎就派不上用場。否則的話，東、西半球的人會朝相反方向加速，彼此間卻又一直保持固定距離（圖1.11）。

　　可是，一九一二年回到蘇黎世，愛因斯坦突然領悟到：

假如地球是平的（圖1.10），那麼看見蘋果掉到牛頓頭上，我們既可說是因為重力的作用，又可說是因為地球和牛頓一起向上加速。對於球形的地球（圖1.11），上述的等效性就無法成立，否則位於地球兩端的人勢必互相遠離。愛因斯坦利用彎曲的時間和空間，才克服了這個困難。

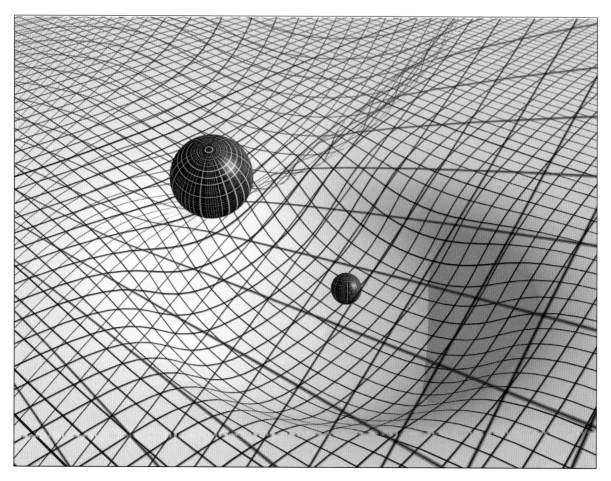

（圖1.12）**時空彎曲**
加速度和重力等效的前提，是重物
必須能令時空彎曲，而讓鄰近物體
的運動路徑變成曲線。

假如「時空」的幾何結構是彎曲的，那麼這個等效性就有用
了。從此，他便一直採用這個假設。他的想法是：藉由某種
尚未知曉的方式，質量與能量能夠引發時空的彎曲。無論蘋
果或是行星，都會試圖在時空中沿著直線行走，但由於時空
是彎曲的，於是它們的路徑跟著彎曲，結果看來就像是被重
力場弄彎的（圖1.12）。

在好友格羅斯曼的幫助下，愛因斯坦開始研究曲面與彎
曲空間的理論。這套理論是黎曼於十九世紀發展的，原本只
是一種抽象的數學；黎曼從未想到它和真實世界會有任何關
係。一九一三年，愛因斯坦和格羅斯曼合寫了一篇論文，闡

Professor Einstein

Albert Einstein™

述我們所認識的重力只是時空彎曲的表徵。然而，由於愛因斯坦犯了一個錯誤（他只是凡人，犯錯在所難免），他們無法找出方程式來描述質量與能量如何導致時空的曲率。在柏林的時候，愛因斯坦繼續研究這個問題；家變並未對他構成任何打擊，連戰爭也幾乎沒有影響到他。一九一五年十一月，他終於導出正確的方程式。同年夏季，愛因斯坦訪問哥丁根大學期間，曾與著名數學家希伯特討論自己的想法。結果希伯特後來獨立導出同樣的方程式，而且比愛因斯坦還早幾天。然而，希伯特自己也承認，這個新理論是愛因斯坦的成就，是他想到把重力與時空彎曲畫上等號。當時正值大戰期間，這樣的科學交流仍能不受干擾，全歸功於德國當時是個文明國家。這與二十年後的納粹德國，形成一個強烈的對比。

這個描述彎曲時空的新理論稱為「廣義相對論」，以有別於原先那個不包括重力的相對論，也就是現在所謂的「狹義相對論」。一九一九年，一支英國遠征隊來到西非洲，在日食期間觀測到太陽附近的星光有輕微偏折，驗證了廣義相

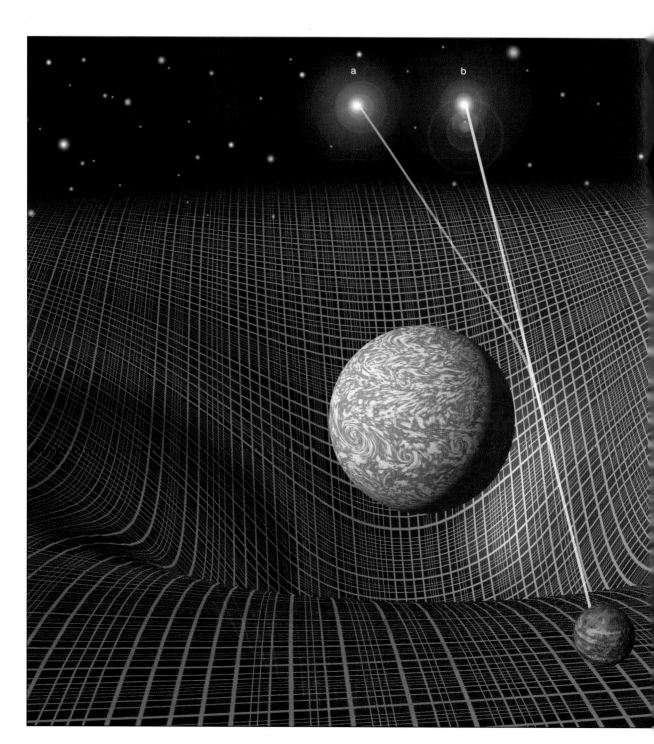

（圖1.13）**彎曲的光線**
由於太陽的質量令時空彎曲，恆星的光線會在太陽附近發生偏折（a）。在地球上看來，就是該恆星的「視位置」產生微小偏移（b）。在日食的時候，可以觀測到這個現象。

對論的正確性（圖1.13）。這是時間和空間彎曲的直接證據；自從公元前三百年左右歐幾里得寫下《幾何原本》，兩千多年來，我們對宇宙的認知從未有過這麼重大的轉變。

　　愛因斯坦的廣義相對論，將時間和空間從一個消極的物理舞台，轉變成宇宙活動的積極參與者。這就導致一個重大問題，而它在二十一世紀仍然位於物理學的前緣。事情是這樣的：宇宙間充滿了物質，而物質令時空彎曲，造成物體互相靠近的傾向。可是愛因斯坦發現，根據他的方程式，無法得到一個「解」來描述不隨時間變化的靜態宇宙。由於愛因斯坦與當時大多數人都相信宇宙是永恆不變的，他不願放棄這個信念，只好在方程式裡憑空添加一項「宇宙常數」，以便令時空反方向彎曲，好讓宇宙間的物體互相遠離。宇宙常數所引起的排斥效應，能夠平衡物質引起的吸引效應，因而允許「宇宙靜態解」的存在。這是理論物理學家失之交臂的一個重大案例：假使愛因斯坦堅守原先的方程式，便能預言宇宙必定正在擴張或正在收縮。事實卻是，直到一九二〇年代威爾遜山的一百吋天文望遠鏡觀測到驚人結果，才有人認真考慮一個隨時間改變的宇宙。

　　那些觀測結果讓我們知道，離我們愈遠的星系向後退得愈快；整個宇宙一直在擴張，各星系間的距離則在穩定增加之中（參見第22頁，圖1.14）。由於這個發現，製造靜態解的宇宙常數就變得沒必要了。後來，愛因斯坦將宇宙常數稱為他一生中最大的錯誤。然而現在看來，它可能並不是什麼錯誤。本書第三章會討論到，最近的一些觀測結果，顯示可能真有一個很小的宇宙常數。

（圖1.14）
眾多星系的觀測結果一律顯示宇宙
正在擴張，幾乎任何兩個星系都在
不斷彼此遠離。

廣義相對論讓我們對宇宙起源與宇宙命運的看法完全改觀。假使宇宙是靜態的，它既有可能是亙古長存，也有可能創生於過去某一刻，而一直保持這個樣子。然而，假如星系正在彼此遠離，就意味著它們過去一定靠得比較近。大約一百五十億年前，星系應該通通擠在一起，而密度應該非常高。第一個研究宇宙起源的科學家是勒梅特神父，他將這個狀態稱為「太古原子」，而他所研究的對象，就是我們現在所謂的「大霹靂」。

愛因斯坦似乎從未認真看待大霹靂。他顯然認為均勻擴張的宇宙只是過度簡化的模型，假如我們逆著時間回溯各星系的運動，由於星系都有微量的側向速度，它們最後並不會撞在一起。愛因斯坦認為宇宙或許經歷過一個收縮期，在收縮到密度不很高的時候便開始反彈，進入目前這個擴張期。然而我們現在知道，假如我們周遭的輕元素都是早期宇宙的

核反應所產生，那麼當時至少要有每立方吋十噸的密度，而
溫度則高達一百億度。更有甚者，微波背景的觀測顯示，宇
宙密度可能曾經高達每立方吋一兆兆兆兆兆兆（一的後面七
十二個○）噸。而我們現在也知道，根據愛因斯坦的廣義相
對論，宇宙不可能從一個收縮期反彈至目前的擴張期。本書
第二章將談到我與潘洛斯曾經證明：廣義相對論預言了宇宙
開始於大霹靂。所以說，愛因斯坦的理論確實隱含了時間有
個起點，雖然他自己向來不喜歡這個想法。

　　愛因斯坦還有更不願意承認的事，那就是根據廣義相對
論，當重恆星抵達生命的盡頭，無法繼續產生足夠熱量來平
衡自身產生的、讓自己內縮的重力，那麼這顆恆星上的時間
也會隨之結束。愛因斯坦當初認為，這樣的恆星會進入某個
穩定的終態，可是我們現在知道，對於最終質量仍超過太陽
三倍的恆星，並沒有什麼穩定的終態。這樣的恆星會繼續收

威爾遜山天文台的一百吋胡克耳反
射望遠鏡。
譯註：胡克耳(John D. Hooker)是這座望遠
鏡的贊助者。

23

（圖1.15，次頁）
當重恆星用盡內部的核燃料後，就
會開始降溫並收縮。此時周圍時空
彎曲得太厲害，因此會形成連光線
都逃不掉的黑洞。在黑洞內部，連
時間也會終止。

縮，直到變成一個黑洞──一個極度彎曲的時空區域，連光
線都逃不出去（圖1.15）。

　　我與潘洛斯曾經證明，廣義相對論預言了黑洞裡的時間
會結束。無論是針對那個黑洞，或是不幸掉落黑洞的太空
人，這個說法都一律適用。可是時間的起始點和結束點兩
者，都是廣義相對論方程式無法定義的地方。因此，廣義相
對論不能預測從大霹靂會迸出什麼來。某些人將這項事實視
為上帝擁有任意啟動宇宙的自由度，但其他人（包括我自己）
卻覺得宇宙的起始應該是由物理定律主宰，而這些定律在其
後仍然成立。本書第三章會提到，我們朝這個目標的努力已
經有些進展，但我們對宇宙的起源還沒有完整的瞭解。

　　為何廣義相對論面對大霹靂便潰不成軍？原因是它與量
子理論並不相容。量子理論是二十世紀初另一個重大的觀念
革命，於一九○○年邁出第一步：德國物理學家蒲郎克發
現，若想合理解釋熾熱物體發出的輻射，可以假設光的發射
與吸收並非連續，而是一包一包進行的，這些「包」就稱為
量子。一九○五年，愛因斯坦仍在專利局的時候，發表過另
一篇劃時代的論文，證明蒲郎克的「量子假說」能夠解釋所
謂的「光電效應」──某些金屬受光照射會放出電子的現
象。現代的電眼與電視攝影機，其基本原理便是光電效應，
而愛因斯坦能夠贏得諾貝爾獎，也正是由於這篇論文。

　　直到一九二○年代，愛因斯坦仍然不斷研究量子理論，
可是哥本哈根的海森堡、劍橋的狄拉克與蘇黎世的薛丁格所
發展出的量子力學──描述宇宙真相的嶄新物理圖像，卻令
愛因斯坦深感不安。因為根據量子力學，微小粒子不再具有
確定的位置與速度。事實上，你愈是能夠準確決定粒子的位

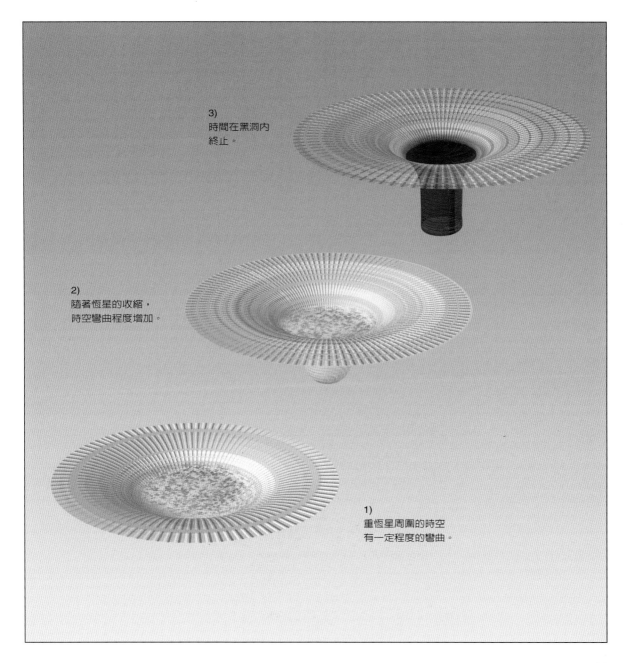

3)
時間在黑洞內
終止。

2)
隨著恆星的收縮,
時空彎曲程度增加。

1)
重恆星周圍的時空
有一定程度的彎曲。

愛因斯坦剛定居美國的時候，
與他自己的傀儡合影留念。

置，就愈是無法準確決定它的速度，反之亦然。基本物理定律中竟然有這種隨機的、無法預測的因素，令愛因斯坦驚恐不已，因此他始終未曾全盤接受量子力學。他的名言「上帝不玩骰子」，將他內心的感受表露無遺。然而，大多數科學家接受了這些嶄新的量子定律，因為它們能解釋一大堆之前無法解釋的現象，而且它們的預測也和觀測極為符合。這些量子定律是近代化學、分子生物學以及電子學的基礎，而這五十年來改變世界的科技，也都植基於這些定律之上。

一九三二年十二月，獲悉納粹黨和希特勒即將掌權，愛因斯坦遂離開德國，並於四個月後放棄德國國籍。在美國新澤西州的普林斯頓高等學術研究所，他度過一生中最後的二十年。

而在德國，納粹黨發起了一項「反猶太科學」運動。不過由於德國科學家有很多是猶太人，這成了德國造不出原子彈的原因之一。在這場運動中，愛因斯坦與相對論是主要的箭靶。當他聽說德國出版了一本書《一百名作家反對愛因斯坦》，他答道：「何必一百名？假如我不對，一個人反對就夠了。」第二次世界大戰結束後，他力促同盟國設立一個世界政府來控制原子彈。一九四八年，新建國的以色列敦請他出任總統，卻給他婉拒了。他曾經說：「政治只是一時，方程式卻永垂不朽。」廣義相對論的愛因斯坦方程式是他最佳的墓誌銘與紀念碑，勢將一直流傳到宇宙的盡頭。

世界在這一百年間的改變，超越了過去任何一個世紀。這並非由於任何新的政治或經濟學說，而是基礎科學的發展帶動了科技的突飛猛進。倘若要為這些進展找個代言人，自然非愛因斯坦莫屬。

Albert Einstein™

相對論簡史

第二章
時間的形狀

廣義相對論讓時間有了形狀，
量子理論要如何接受這個事實？

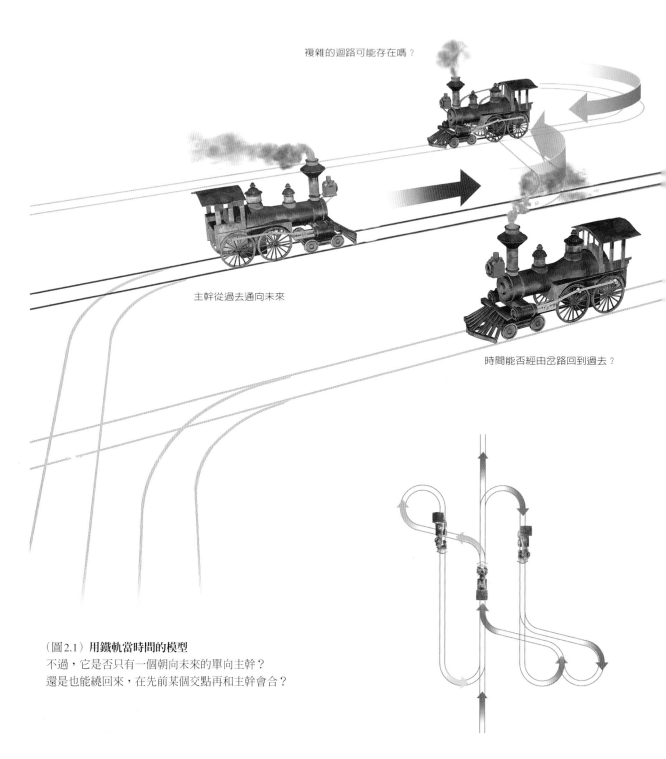

複雜的迴路可能存在嗎？

主幹從過去通向未來

時間能否經由岔路回到過去？

（圖2.1）用鐵軌當時間的模型
不過，它是否只有一個朝向未來的單向主幹？
還是也能繞回來，在先前某個交點再和主幹會合？

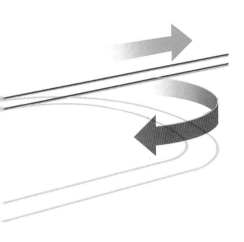

　　時間是什麼？是不是像一首老歌所吟誦的，是一條永不
歇止的河流，將我們的夢想盡數帶走？或者時間像一條鐵軌
嗎？也許時間具有迴圈和分枝，即使你不停向前走，仍然可
能回到先前某個車站（圖2.1）。

　　十九世紀作家蘭姆曾經寫道：「再也沒有比時間和空間
更令我困惑的。然而，時間和空間帶給我的困擾卻也最小，
因為我從不曾想到它們的存在。」無論時間和空間是什麼，
大多數人大多數時候都不會為它們傷腦筋；可是，我們偶爾
仍會納悶時間究竟是什麼，以及它如何開始，又會帶我們到
哪裡去。

　　任何站得住的科學理論，無論研究的對象是時間或是任
何概念，在我看來，皆應植基於最實用的科學哲學：巴柏等
哲學家所提出的「實證主義」。根據實證主義的看法，科學
理論只是一個數學模型，其目的是描述並量化我們觀測到的
現象。一個好的理論，能以少數假設當作基礎，描述大量的
自然現象，並能作出明確的、可檢驗的預測。假如預測符合
觀測結果，這個理論便通過這項檢驗，但我們永遠無法證明
它是正確的。另一方面，假如觀測結果不符合預測，我們就
得放棄或修正這個理論。（至少，按理應該這樣做才對。但
事實上，人們常會質疑觀測的精確度，以及主事者的可靠程
度與道德操守。）倘若你像我一樣接受實證主義，你就不能
說時間真正是什麼。你頂多只能說何者是時間極佳的數學模
型，以及它做出些什麼預測。

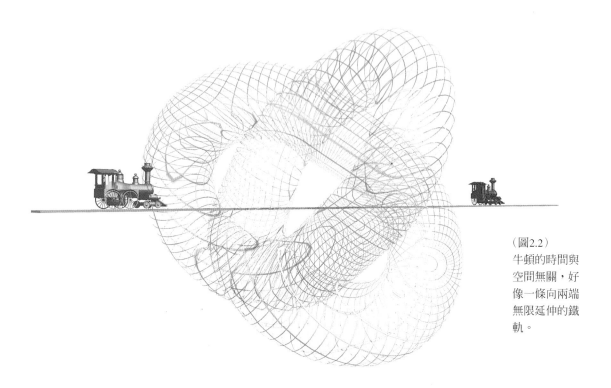

（圖2.2）
牛頓的時間與
空間無關，好
像一條向兩端
無限延伸的鐵
軌。

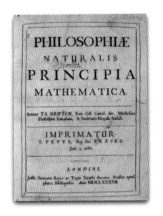

三百多年前，牛頓在他的書中
提出時間和空間的數學模型。

在一六八七年出版的《自然哲學之數學原理》中，牛頓提出了時間與空間的第一個數學模型。如今屬於我的盧卡斯教席，一度也是牛頓的頭銜，不過牛頓坐的並非電動輪椅。在牛頓的模型中，時間與空間是萬事萬物的背景，卻不會受到萬事萬物的影響。時間獨立於空間之外，像一條直線或鐵軌，兩端都沒有盡頭（圖2.2）。時間本身是永恆的，也就是說它過去一直存在，將來也會永遠存在。與此對比強烈的是，大多數人認為目前這個物質宇宙是幾千年前創造出來的。這是令許多哲學家頭痛的問題，包括德國大哲學家康德在內。假如宇宙的確是創造出來的，那麼在創世之前，為何會等待無限長久的時間呢？另一方面，假如宇宙過去一直存在，該發生的事不是應該都發生了？歷史不是應該早就終結了？尤其奇怪的是，宇宙為什麼尚未達到「熱平衡」──即一切的一切都同溫的狀態？

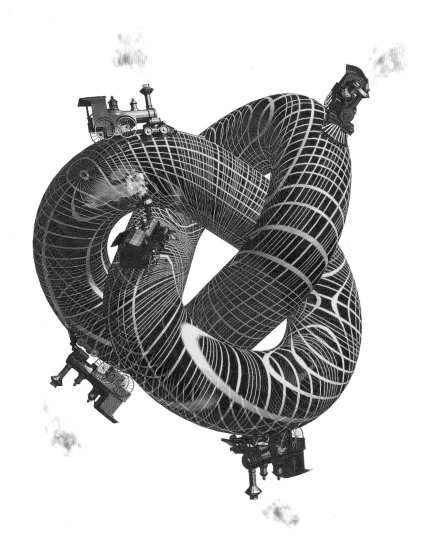

（圖2.3）**時間的形狀與方向**

愛因斯坦的相對論擁有大量的實驗證據，而在相對論中，時間和空間糾纏在一起。

一旦空間彎曲了，時間難免也會彎曲，因此時間具有形狀。然而，時間似乎只有一個方向，就像插圖中那輛火車一樣。

33

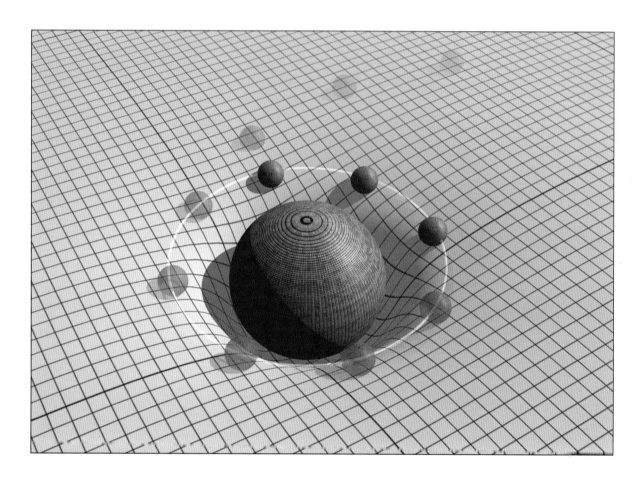

（圖2.4）
橡皮膜的類比
中央那個大球，代表諸如恆星的重
量級物體，它的質量令附近的薄膜
彎曲。
薄膜的曲率使得在膜上滾動的鋼珠
偏折，變成繞著大球轉圈圈，這就
好像恆星重力場內的行星都環繞著
那顆恆星。

　　康德將這個問題稱爲「純粹理性之二律背反」，因爲它
似乎是邏輯上的矛盾，根本不可能有解。其實，這個矛盾只
存在於牛頓的數學模型中，因爲其中的時間是一條無限長的
直線，與宇宙中任何事物都毫無關聯。然而，我們在第一章
提到，愛因斯坦於一九一五年提出一個嶄新的數學模型：廣
義相對論。自從愛因斯坦發表廣義相對論之後，這許多年
間，我們做了些錦上添花的工作，但我們的時空模型仍是根
據他的假設。本章與下面幾章將討論的，是自愛因斯坦發表
那篇革命性論文之後，我們的時空觀如何演變。這是眾人合
作所獲致的光榮成果，我很榮幸也做出了一點貢獻。

廣義相對論把時間維度和三個空間維度結合起來，形成所謂的「時空」（參見第33頁，圖2.3）。這個理論將重力的效應包括在內，聲稱物質與能量的分布會令時空彎曲變形，因此時空並非平坦的。在這樣的時空裡，任何物體雖然都會試圖沿著直線運動，可是由於時空是彎曲的，它們的路徑看來也是彎的。換句話說，它們的運動彷彿受到重力場的影響。

我們可以用橡皮膜做個粗略的類比，但是不能過分認真。想像在橡皮膜上擺個大球代表太陽，大球的重量會壓迫橡皮膜，使它在「太陽」附近變得彎曲。然後，假如你在橡皮膜上丟一把小鋼珠，它們不會直直滾到另一邊，而是會繞著大球轉圈圈，就像行星環繞太陽一樣（圖2.4）。

這個類比並不完整，因為其中只有兩個空間維度（橡皮膜的表面）是彎曲的，而且時間不受影響，這點與牛頓理論無異。然而，在符合眾多實驗的廣義相對論中，時間和空間卻糾纏在一起，怎麼也解不開。你要讓空間彎曲，一定會牽連到時間，因此時間遂有了形狀。藉著這個彎曲操作，廣義相對論令時間與空間從一個被動的物理舞台，搖身一變成為物理過程的主動參與者。在牛頓的理論中，時間獨立於一切之外，因此我們可以問：「創造宇宙之前，上帝在做些什麼？」聖奧古斯丁曾說，我們不該拿這種問題開玩笑，更不該說什麼「祂在為追根究柢的人準備地獄」。這是個嚴肅的問題，一代接一代都不乏沉思者。根據聖奧古斯丁的說法，上帝在創造天地之前根本什麼都不做。事實上，這和當今的想法非常接近。

另一方面，在廣義相對論中，時間與空間並非互相獨立，也並非獨立於宇宙之外。要定義這兩者，都得利用在宇宙中所進行的測量，例如鐘錶內石英晶體的振盪次數，或是一把直尺的長度。這樣一個「在宇宙裡」所定義的時間，想

公元五世紀的思想家聖奧古斯丁，他認為時間在開天闢地之前並不存在。

上圖摘自十二世紀出版的《天主之城》，義大利佛羅倫斯 Laurenziana 圖書館收藏

必應該具有極小值或極大值——換句話說，也就是起點或終點。質問起點之前發生過什麼事，或是終點之後會發生什麼事，其實都是沒有意義的，因為那些時間根本沒有定義。

至於廣義相對論的數學模型是否「預測」宇宙（以及時間本身）應該有個起點或終點，這顯然是個非常重要的問題。理論物理學家一般所抱持的偏見，是認為時間在前後兩端都沒有盡頭，連愛因斯坦也不例外。倘若不這樣做，便會帶來有關宇宙創生的難題，但這似乎不屬於科學的範疇。根據愛因斯坦方程式的某些解，時間的確有個起點或終點，可是那些解都非常特殊，具有大量的對稱性。就一個真正的物體而言，假如自身的重力使它塌縮，那麼由於壓力或側向速度的存在，物質不會通通縮到密度無限大的同一點。同理，假如我們回溯宇宙的擴張，會發現物質並非全部從一個密度無限大的點冒出來。上述這樣一個密度無限大的點稱為「奇異點」，它是時間的起點或終點。

一九六三年，兩名俄國科學家李夫席茲與卡拉尼可夫，宣稱他們證明出下面這個結論：那些具有奇異點的愛因斯坦方程式之解，所對應的物質分布與速度分布都極其特別，宇宙擁有這樣特殊條件的機率實際上等於零，因此能夠代表真實宇宙的解，幾乎都不具有密度無限大的奇異點——宇宙在開始擴張之前，一定經歷過一個收縮期，在此期間一切物質向一點集中，卻並未真正撞在一起；然後物質又互相遠離，進入目前這個擴張期。假如真是這樣，那麼時間就是永恆的，從無限遠的過去流向無限遠的未來。

李夫席茲與卡拉尼可夫的論點並未說服每一個人。於是我與潘洛斯採取另一種方法，我們並不詳細鑽研那些解，而是研究時空的大域結構。在廣義相對論中，除了質量之外，連能量也會令時空彎曲。由於能量總是正的，所以它在時空中所造成的曲率，是令各個光線路徑彼此趨近。

觀測者逆著時間回溯 ————

附近那些星系最近的樣子 ————

五十億光年遠的那些星系
在五十億年前的樣子 ————

背景輻射 ————

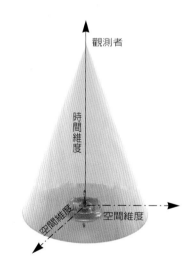

（圖2.5）
我們的「過去光錐」
觀測遙遠的星系等於觀測較早的宇宙，這是因為光速是有限的。如果我們用垂直軸代表時間，用兩個水平軸代表三維空間中的兩維，那麼如今抵達頂點（我們目前的位置）的那些光線，都是沿著一個錐面射來的。

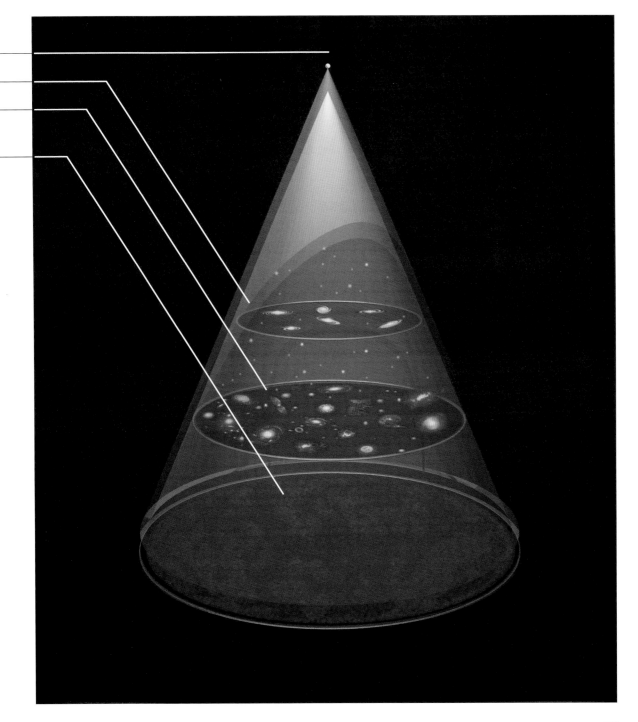

COBE衛星觀測到的宇宙微波背景輻射譜

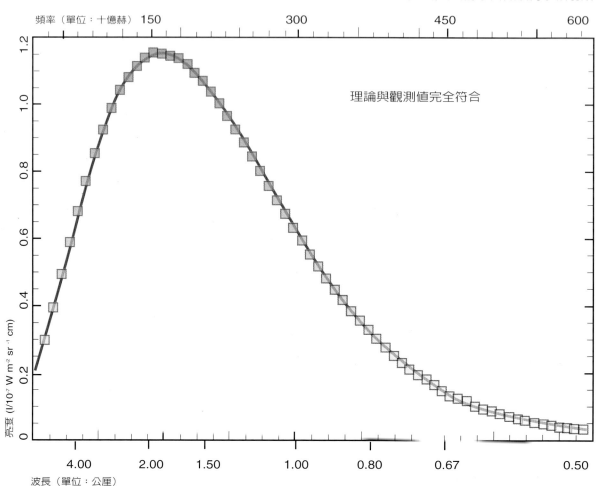

理論與觀測值完全符合

（圖2.6）

微波背景輻射譜的測量

宇宙微波背景輻射譜——該輻射的功率對頻率的分布——顯示它和熱輻射具有同樣的特性。由於這個輻射已經達到熱平衡，它一定曾被物質散射過許多次。這意味著在我們的「過去光錐」中一定有足夠的物質，才能夠導致光錐向內彎。

考慮一個由許多光線路徑組成的「過去光錐」（參見第36頁，圖2.5），其組成光線來自眾多遙遠的星系，如今這些光線剛好抵達地球。在圖解中，時間指向上，空間指向水平方向，而光錐的尖端剛好在地球上。假如我們從尖端出發，朝過去前進，我們看到的星系會愈來愈早期。由於宇宙一直在擴張，萬物在過去曾經比現在靠近得多，因此我們回溯得愈久遠，就回溯到密度愈高的區域。我們還會觀測到一個微弱的「微波輻射背景」，它在極早之前出發，沿著我們的過去光錐一路向我們傳來；當它出發之際，宇宙的密度與溫度

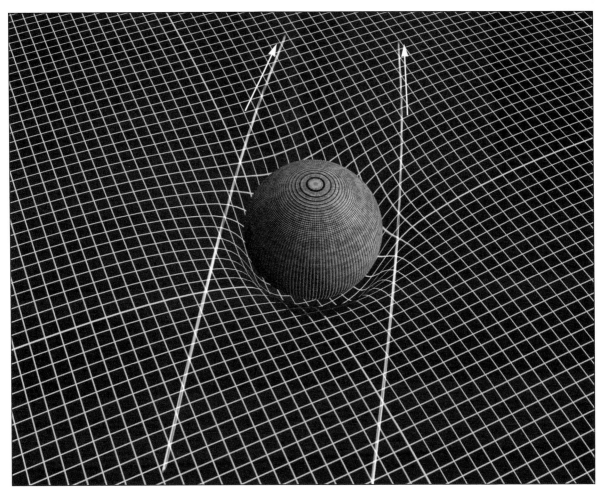

都比現在高得太多。設法接收這種微波的各種頻率，我們便
能測量這個輻射的「功率譜」（功率對頻率的分布狀況）。結
果我們發現，這個功率譜相當於「絕對溫度2.7度的物體發
出的熱輻射」。這個微波輻射不能用來解凍食物，可是它與
「2.7度物體的熱輻射」如此吻合，讓我們知道它必定來自一
個微波無法穿透的區域（圖2.6）。

因此我們可以斷言：沿著我們的過去光錐往前回溯，一
定會發現這個光錐穿過了某些物質。這些物質足以令時空彎
曲，於是這個過去光錐中的光線會因偏折而彼此趨近（圖
2.7）。

（圖2.7）**弄彎時空**
因為重力是吸引力，所以物質把時
空弄彎後，一律會導致光線匯聚。

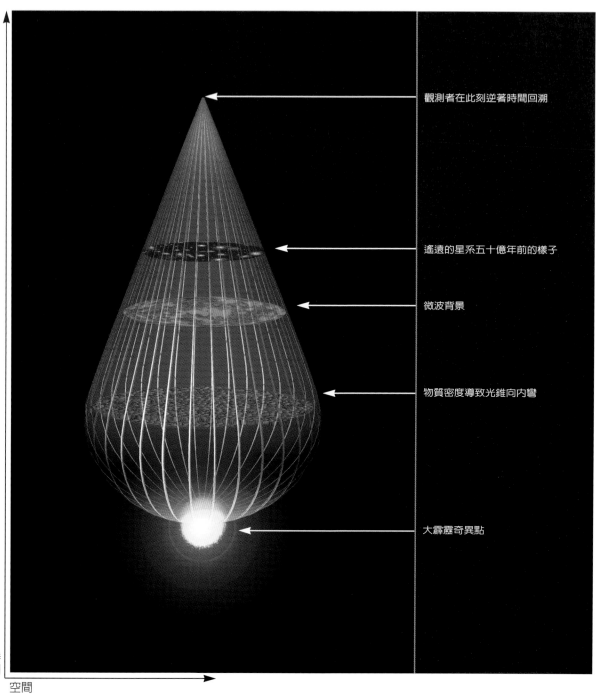

觀測者在此刻逆著時間回溯

遙遠的星系五十億年前的樣子

微波背景

物質密度導致光錐向內彎

大霹靂奇異點

時間

空間

倘若不斷逆著時間倒退,這個過去光錐的截面積終將達到一個極大值,然後便會開始縮小。所以說,我們的過去長得像個梨子(圖2.8)。

如果我們沿著過去光錐繼續往回走,物質的正能量密度會讓那些光線更加匯聚。在有限的時間裡,光錐的截面積就會縮成零。這就代表在這個過去光錐之內的一切物質,都被困在一個邊界縮成零的區域中。因此不難想像我與潘洛斯能夠證明:在廣義相對論的數學模型中,必定有一個藏在所謂大霹靂中的時間起點。而類似的論證也能證明:時間會有一個終點,那時所有的恆星,甚至星系,都會在自身的重力下塌縮成黑洞。一旦揚棄康德採用的隱性假設「時間擁有獨立於宇宙的意義」,我們便避開了他的「純粹理性之二律背反」。我們這一篇證明時間具有起點的論文,於一九六八年贏得「重力研究基金會」徵文比賽第二名,由我與潘洛斯平分三百美元的豐厚獎金。在我看來,當年其他的得獎論文都沒有什麼永恆的價值。

我們這項研究成果招致不同的反應。它令許多物理學家難以接受,卻讓那些篤信創世說的宗教領袖開心不已,因為這正是創世的科學證據。當時,處境最艱難的要算李夫席茲與卡拉尼可夫兩人。他們不能和我們證明的這組數學定理爭論,可是在蘇聯那種體制下,兩人又不能承認錯誤,更不能承認西方科學家做對了。還好,他倆找到一族更普遍的具有奇異點的解,所對應的宇宙不像先前那些解那麼特殊。這讓他倆得以聲稱奇異點,乃至時間的起點或終點,都是蘇聯人發現的。

(圖2.8) **時間的形狀像梨子**
倘若逆著時間回溯我們的「過去光錐」,將發現它在早期宇宙中會向內縮。我們所觀測到的整個宇宙,其邊界在大霹靂時刻收縮成一點。這是個奇異點,其中物質密度無限大,古典廣義相對論在此失效。

測不準原理

 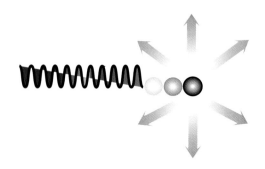

低頻光波對粒子速度干擾較小　　　　　　　高頻光波對粒子速度干擾較大

觀測一個粒子時,光波的波長愈長,
粒子位置的不準度愈大。

觀測一個粒子時,
光波的波長愈短,
粒子位置的準確度愈大。

發現量子理論的第一步,是蒲郎克於1900年主張光波總是小包小包出現,他稱之為量子。雖然蒲郎克的量子假說清楚解釋了熱輻射的觀測值,卻一直到1920年代,德國物理學家海森堡提出著名的測不準原理,量子假說所蘊含的意義才真正為人瞭解。

海森堡注意到,根據蒲郎克的假說,我們愈是試圖準確測量粒子的位置,就愈是測不準它的速度,反之亦然。他還精確地證明,位置不準度和動量不準度的乘積不小於蒲郎克常數之半。這個蒲郎克常數和「光量子」的能量有密切關係。

海森堡的測不準公式

 ✕  ✕ 🔵 大於或等於蒲郎克常數／2

粒子位置的不準度　　　　粒子速度的不準度　　　粒子的質量

大多數物理學家基於本能反應，仍然不喜歡時間有起點或終點這樣的想法。因此他們指出，這套數學模型或許不適於描述奇異點附近的時空。這是因為描述重力的廣義相對論，如第一章所說，只是一個古典理論，並未考慮到掌控其他作用力的量子理論。大多數時候，在宇宙大部分角落，這點疏漏並沒有關係，因為時空彎曲表現在非常大的尺度上，量子效應卻在非常小的尺度上才顯得重要。可是在接近奇異點之處，上述兩個尺度相當接近，於是量子重力效應就變得重要了。所以說，我與潘洛斯證明的這組「奇異點定理」真正指出的是：我們置身的這個古典時空區域，必定聯繫著過去（或許也聯繫著未來）另一個時空區域，而後者的量子重力效應不可忽略。要瞭解宇宙的起源與命運，我們需要重力的量子理論，而這正是本書的一大主題。

諸如原子之類粒子數有限的物理系統，其量子理論是在一九二○年代由海森堡、薛丁格、狄拉克等人所建立的。（狄拉克也擔任過我在劍橋大學目前的教席，不過他也不是坐電動輪椅。）然而緊接著，物理學家試圖將量子概念推廣至描述電、磁與光的馬克士威場，不料卻遭遇到很大的困難。

馬克士威場
1865年，英國物理學家馬克士威整合了所有已知的電學和磁學定律。馬氏的理論奠基於「場」的存在，認為唯有經由場，電磁作用才能從甲地傳到乙地。馬氏瞭解到，無論是傳遞電作用或是磁作用的場，本身也都是物理實體，它們能夠振盪，也能在空間中行進。
根據馬氏所整合的電磁學，可淬煉出兩條方程式來描述這些場的動力學。從這兩條方程式，馬氏自己導出第一個偉大的結論：任何頻率的電磁波皆以相同速率在空間中行進，而這個速率正是光速。

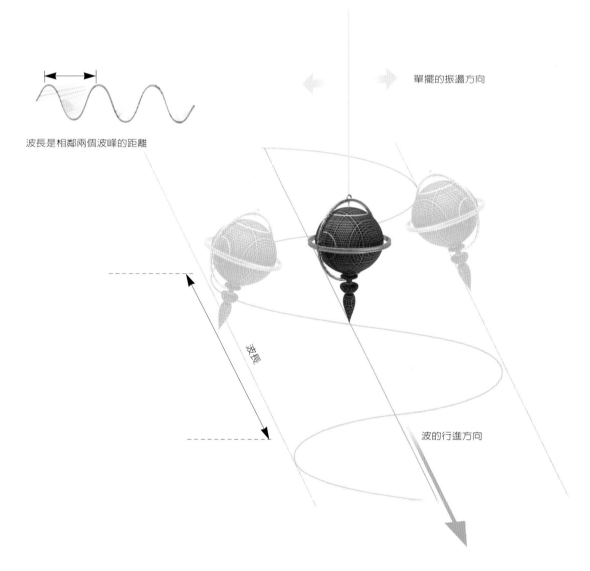

波長是相鄰兩個波峰的距離

單擺的振盪方向

波長

波的行進方向

（圖2.9）**帶著單擺的行進波**
在空間中行進的電磁輻射是一種波
，其中的電場和磁場都像單擺一樣
振盪，兩者的振盪方向皆垂直於波
的行進方向。在一個電磁輻射中，
可以有好些波長不同的電磁場。

　　你可將馬克士威場想像成由許多波組成，各波具有不同
的波長（即相鄰波峰的距離）。在每一個波中，這個「場」
會像單擺那樣從一個值擺到另一個值（圖2.9）。

　　根據量子理論，單擺的基態（能量最低的量子態）不只
是待在能量最低那一點、垂直指向下方而已。倘若真是那
樣，它會同時擁有確定的位置和確定的速度（兩者皆爲
零）。可是根據測不準原理，同時準確測量位置與速度是不
可能的事。位置不準度和動量不準度的乘積，一定不小於某

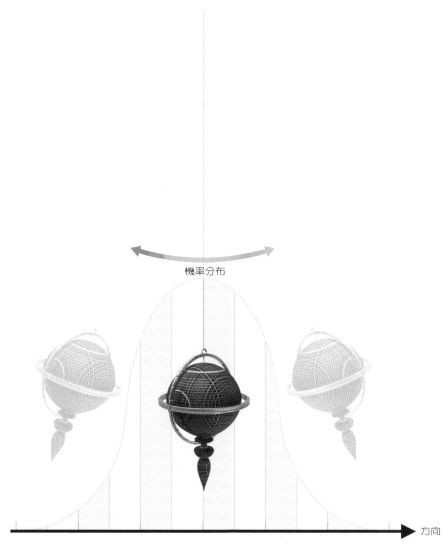

機率分布

方向

個固定值之半。這個值就是所謂的「蒲郎克常數」，它在小
數點後面有太多零，所以我們用 ℏ 這個符號來代表。

　　所以說，一個單擺的基態（最低能量態）所具有的能量
並不是零。單擺或任何振盪系統即使處於基態，也一定會有
一點點運動，這個現象稱為「零點起伏」。這意味著單擺不
一定垂直指向下方，稍微偏離垂直方向的機率也大於零（圖
2.10）。同理，即使在真空或最低能量態，馬克士威場中的
波也不會恰好等於零，而是有個小小的值。單擺或波的頻率

（圖2.10）**單擺的機率分布**
根據海森堡的測不準原理，單擺不可
能絕對靜止指著正下方。量子理論預
測說，即使在最低能量態，單擺也一
定有個最小起伏量。
而這就意味著，單擺的位置需要由機
率分布決定。處於基態的時候，單擺
最可能的位置是指向正下方，但是仍
然有一些機率，對應於它偏離鉛直線
一個小角度。

（每分鐘的擺動次數）愈高，基態的能量也就愈高。

倘若考慮馬克士威場和電子場的基態起伏，那麼根據計算，電子的表觀質量和表觀電荷會變成無限大，與觀測結果互相矛盾。然而在一九四○年代，費因曼、施溫格、朝永振一郎這三位物理學家，分別發展出一套消除（或說減去）這些無限大的方法，才得以算出符合觀測值的有限質量和有限電荷。雖然如此，基態起伏仍會導致一些測得到的微弱效應，而且理論與實驗十分符合。至於楊振寧與密爾斯所提出的「楊密場」，我們也能利用類似的方法來消除無限大。「楊密理論」是馬克士威理論的推廣，可以描述另外兩種力（弱核力與強核力）的交互作用。然而在重力的量子理論中，基態起伏卻引發出極其嚴重的效應。在此，每個波長也有一個基態能量，由於馬克士威場的波長沒有下限，在任何一個時空區域中，都有無限多個不同的波長，因此就有無限多的基態能量。因為能量密度和質量同為重力的來源，這個無限大的能量密度意味著強大的重力吸引，足以讓時空捲縮成一個點，但這件事顯然並未發生。

為了解決這個觀測與理論之間的矛盾，你或許想聲稱基態起伏不具有重力效應，但這樣做並沒有用。藉著卡西米爾效應，你就能偵測到基態起伏的能量。如果你讓兩片平行金屬板靠得很近，就會使得兩板之間的波長數目略小於外面。而這就意味著，兩板之間基態起伏所對應的能量密度雖然仍是無限大，卻和外面的能量密度相差一個有限值（圖2.11）。這個能量密度差，會導致一股將兩板互相拉近的力量，而且這股力量已經能用實驗測量。在廣義相對論中，力量和質量同樣是重力的來源，所以這個能量差的重力效應忽略不得，否則會導致邏輯上的矛盾。

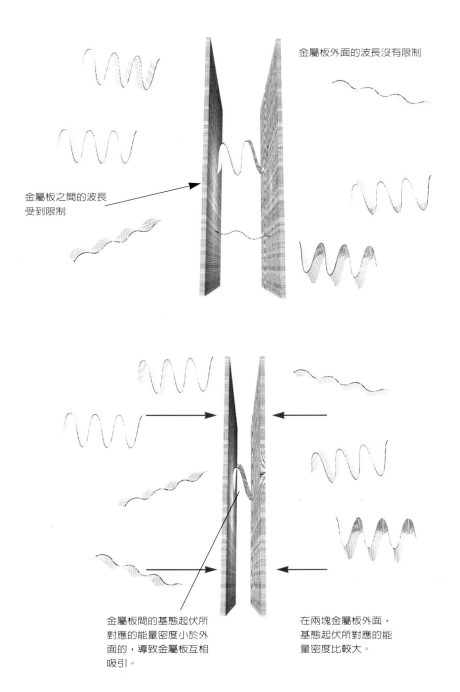

金屬板外面的波長沒有限制

金屬板之間的波長
受到限制

金屬板間的基態起伏所
對應的能量密度小於外
面的，導致金屬板互相
吸引。

在兩塊金屬板外面，
基態起伏所對應的能
量密度比較大。

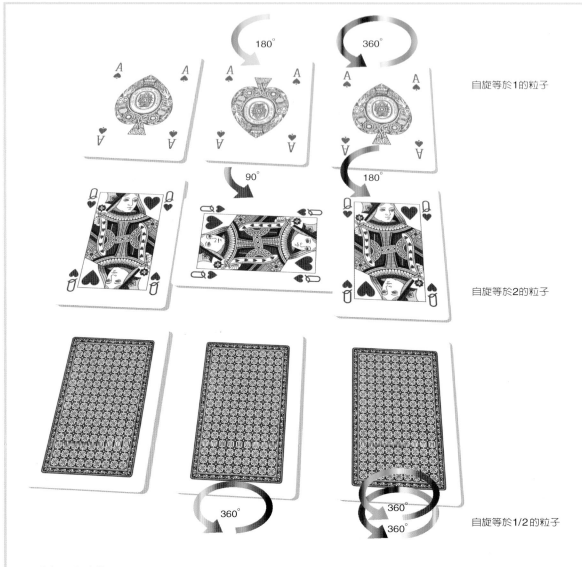

自旋等於1的粒子

自旋等於2的粒子

自旋等於1/2的粒子

（圖2.12）**自旋**

所有的粒子都具有一種稱為自旋的性質，它讓粒子對不同方向表現出不同面貌。我們可以用撲克牌來示範：首先觀察黑桃Ａ，你唯有將它轉一圈，或說360度，它才會回復原來的樣子。因此我們說，它的自旋等於1。

另一方面，紅心Ｑ有兩個頭，因此只要轉半圈，或說180度，它就會變得和原來一樣。因此我們說，

它的自旋等於2。同理，我們可以想像自旋等於3、5……的物體，它們只要轉更小的角度就會回復原狀。

自旋值愈高，粒子回復原狀所需轉動的角度愈小。可是另有一件驚人的事實：有些粒子必須旋轉整整兩圈，才會看起來和原來一樣。這樣的粒子，我們說它的自旋等於1/2。

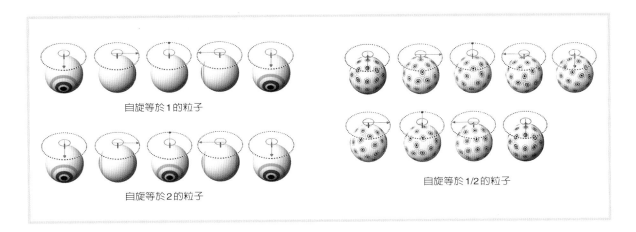

自旋等於1的粒子

自旋等於2的粒子

自旋等於1/2的粒子

　　想要解決這個問題，另一個可能的方案或許是假設宇宙常數的存在，就像愛因斯坦設法導出靜態宇宙模型所用的那個方法。假如這個常數是負無限大，就有可能剛好抵消自由空間中基態能量累積的正無限大。可是這個宇宙常數似乎非常人工化，而且必須調控得異常精確。

　　幸好，物理學家於一九七〇年代發現一種嶄新的對稱，它能提供一個自然的物理機制，來抵消源自基態起伏的無限大。這個所謂的「超對稱」，在當今的數學模型中有幾種不同的描述方式。其中之一是說，除了我們所能體驗的維度之外，時空還有一些額外的維度，叫作「格拉斯曼維度」，因爲度量這些維度的並非普通實數，而是格拉斯曼變數。普通實數是可交換的，也就是說它們的乘法與次序無關，例如6×4＝4×6。可是格拉斯曼變數卻「反交換」，例如xy＝−yx。

　　採用超對稱來消除物質場和楊密場中的無限大，最初是在平坦時空中進行，其中的實數維度與格拉斯曼維度都沒有彎曲。不過，將這個方法推廣到兩種維度都是彎曲的情況，則是很自然的一件事。這就導致了幾個統稱爲「超重力」的理論，其中各有各的超對稱數量。而超對稱的一個自然結果，就是每個場或粒子都該有個自旋相差±1/2的「超伴子」（圖2.12）。

　　玻色子具有整數自旋（0、1、2……），其基態能量是正

普通實數

A x B ＝ B x A

格拉斯曼變數

A x B ＝ −B x A

49

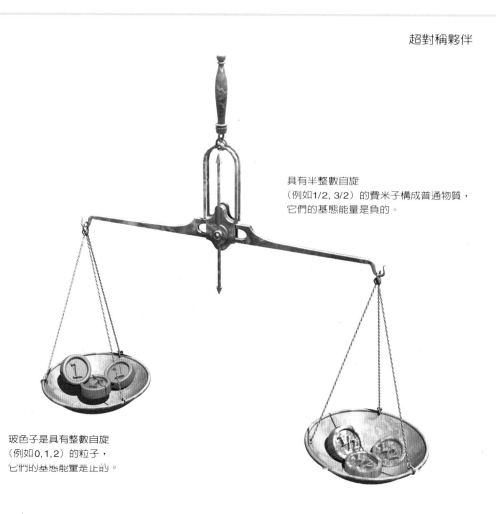

超對稱夥伴

具有半整數自旋
（例如1/2, 3/2）的費米子構成普通物質，
它們的基態能量是負的。

玻色子是具有整數自旋
（例如0,1,2）的粒子，
它們的基態能量是正的。

（圖2.13）

宇宙中所有已知的粒子，總共可分為兩大類：費米子和玻色子。費米子是具有半整數自旋（例如1/2）的粒子，負責組成普通物質，它們的基態能量是負的。

玻色子則是具有整數自旋（例如0,1,2）的粒子，負責傳遞費米子之間的作用力，例如重力或光線，它們的基態能量是正的。超對稱理論假設：任何一個費米子或玻色子，都有一個和本身自旋相差1/2的超對稱夥伴，稱為「超伴子」。例

如光子（屬於玻色子）的自旋等於1，它的基態能量是正的；光子的超伴子稱為「伴光子」，其自旋等於1/2，因此是個費米子，它的基態能量是負的。

在這個超對稱架構中，我們會得到數目相同的玻色子與費米子。所有玻色子的基態能量都在正的這邊，所有費米子的基態能量則在負的那邊，因此這兩種基態能量互相抵消，消去了那些最大的無限大值。

粒子行為的模型

1 假使基本粒子真是類似撞球的點狀顆粒，那麼在兩個粒子碰撞後，兩者的路徑會偏折，形成新的軌跡。

2 這是兩個粒子發生交互作用的樣子，不過真實的效應更加戲劇化。

3 根據量子場論，兩個粒子（例如電子和它的反粒子「正子」）碰撞的過程是這個樣子：兩者迅速互相毀滅後，所產生的巨大能量化成一個光子。隨後，這個光子又化作另一對電子和正子。整體看來，仍然像是兩者僅僅被撞到新的軌跡上。

4 假使粒子並非點狀，而是一維的閉弦，靠著振盪而表現成電子或正子，那麼兩者在碰撞並互相毀滅後，會產生一個新的、具有不同振盪模式的閉弦。然後，這個新的閉弦又會分裂成兩條沿著新軌跡前進的閉弦。

5 倘若並非用離散時刻描述這些弦，而是觀察其連續歷史，結果就是這樣的一個「世界面」。

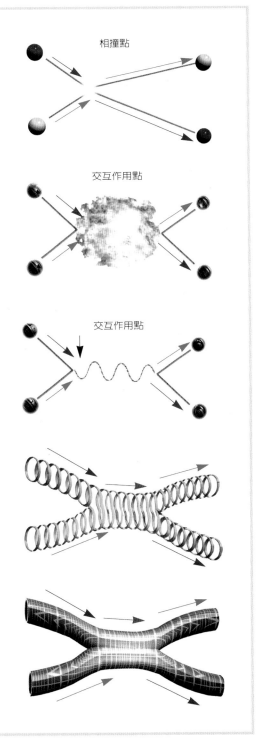

相撞點

交互作用點

交互作用點

（圖2.14，次頁）

弦的振盪

在弦理論中，最基本的物件並非不佔空間的點狀粒子，而是一維的弦。這些弦可能有端點，也可能首尾相連形成迴圈。

正如小提琴的琴弦，弦理論中的弦具有某些振盪模式（或者說共振頻率），它們對應的波長若一個接一個排起來，會剛好填滿整條弦。

在琴弦中，不同的共振頻率對應不同的音階；而在弦理論中，不同的振盪則對應不同的質量和電荷，因而可解釋為不同的基本粒子。大致說來，弦振盪的波長愈短，所對應的粒子質量愈大。

的。另一方面，費米子具有半整數自旋（1/2、3/2……），其基態能量是負的。因為玻色子與費米子數目相同，於是在各個超重力理論中，最大的無限大都被消掉了（參見第50頁，圖2.13）。

不過，還是可能有某些較小的無限大留下來。誰也沒有那個耐心，去計算這些理論是否真正百分之百有限。根據估計，這需要一個好學生花上兩百年的時間，然而你如何確定他沒在第二頁就出錯？話說回來，在一九八五年之前，大多數人都相信大多數的超重力理論完全沒有無限大。

然後，潮流突然間改變了。有人開始宣稱有理由懷疑超重力理論中藏有無限大，而這代表那些理論有著無藥可救的致命傷。取而代之的則是「超對稱弦理論」，據稱它是結合重力與量子理論的唯一方法。這裡的「弦」與日常經驗中的弦類似，是個一維的物體，只有長度而沒有寬度。在弦理論的模型中，這些弦在背景時空中運動，弦上的漣漪則解釋為粒子（圖2.14）。

假如除了實數維度，這些弦還有格拉斯曼維度，上述的漣漪就會對應玻色子與費米子兩者。在這種情況下，正負基態能量會恰好抵消，連較小的無限大也不會留下來。於是，有人宣稱這種「超弦」正是所謂的「萬有理論」。

理論物理學家總是一窩蜂變換觀點，這會是未來世代科學史家感興趣的一個題目。不出幾年超弦便君臨天下，超重力則淪為低能範圍的近似理論，遭人棄之如敝屣。任何理論冠上「低能」就萬劫不復，雖然在此「低能」是指粒子能量比黃色炸藥爆炸時的分子能量還大上萬兆倍。假如超重力只

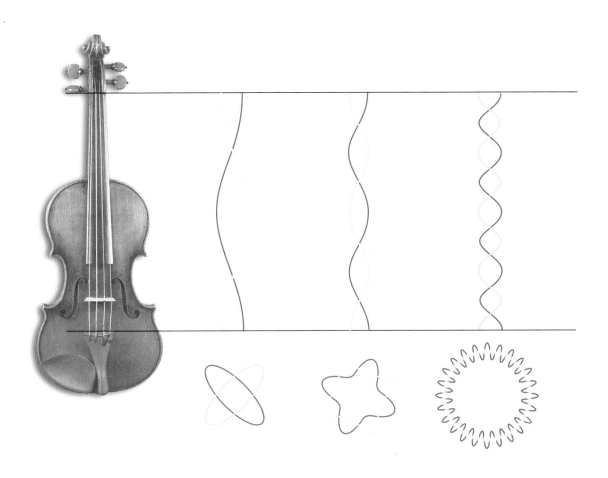

是個低能近似，就不能聲稱是宇宙最基本的理論。如今，共
有五個超弦理論是這個基層理論的候選者。可是哪一個能眞
正描述我們的宇宙呢？此外，將弦視爲一維空間和一維時間
所構成的曲面，在一個平坦的背景時空中運動，其實只是一
個近似而已，但這個近似又要如何超越呢？難道弦不會令背
景時空彎曲嗎？

一九八五年後，物理學家逐漸明白弦理論並非完整的物理圖像。首先，他們瞭解到有很多物件能做超過一維的延展，因此弦只是一個特例。湯森德是我在劍橋大學「應用數學與理論物理系」的同事，他將這些物件命名為「p維膜」，並且做了許多基礎研究。p維膜在p個維度上都有長度，因此p=1的膜就是弦，p=2的膜就是曲面，其他依此類推（圖2.15）。在所有可能的p值中，似乎沒有理由獨厚p=1。恰恰相反，我們應該採取「p維膜民主原則」，堅信「所有的p維膜生而平等」。

在十維或十一維的超重力理論中，這些p維膜會以方程式之解的身分出現。雖然十維或十一維聽來不太像我們所熟悉的時空，不過在這些理論中，其他六、七維都捲成非常小，所以我們根本不會注意到；我們唯一所知曉的，是其餘四個大型且近乎平坦的維度。

我必須承認一件事，我本人難以相信真有這些額外的維度。但是身為實證主義者，「額外維度真正存在嗎？」這個問題對我毫無意義。我能問的僅僅是：具有額外維度的數學模型能對宇宙提供良好的描述嗎？目前為止，沒有任何觀測結果必須用到額外維度才能解釋。然而，在建於日內瓦的「大型強子對撞機」中，我們確有可能觀測到這樣的結果。

（圖2.15）**p維膜**
p維膜是具有p個維度的物件。例如p=1就是弦，p=2就是面膜。在十維或十一維時空中，更高維的膜也可能存在。通常在這p個維度中，總是有一部分甚至全部捲成環面。

所有的p維膜生而平等！

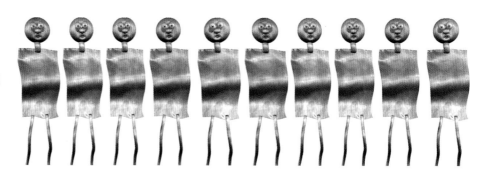

湯森德，p維膜專家

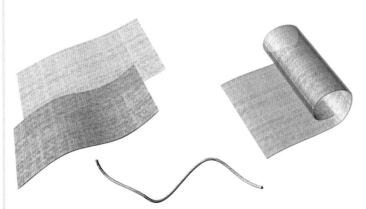

宇宙的空間結構或許同時具有延展的維度與捲曲的維度。
一張面膜倘若捲起來，會比較容易看得清楚。

一維膜的例子：
閉弦

一個二維膜捲成
一個環面

55

（圖2.16）**統一的架構？**

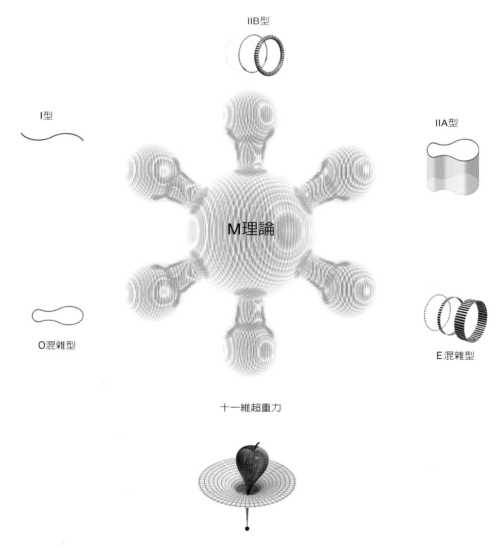

IIB型

I型

IIA型

M理論

O混雜型

E混雜型

十一維超重力

在這五種弦理論以及十一維超重力之間，存在著一個稱為「對偶性」的關係網。
對偶性強烈暗示不同的弦理論是同一基層理論的不同表相，
這個基層理論就是所謂的「M理論」。

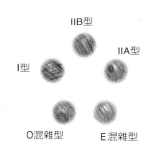

1990年代中期之前，似乎有五種不同的弦理論，相互之間毫無關聯。

在單一理論架構下，M理論統一了這五種弦理論。可是，M理論有許多性質尚待瞭解。

可是真正說服許多人（包括我自己）認真看待這些模型的，則是它們之間有一組意料之外的關係網——所謂的「對偶性」。這組對偶性告訴我們，這些模型在本質上都是等效的；換言之，它們只是同一個基層理論（稱爲M理論）的不同面貌。假如你不覺得這組對偶性代表我們摸對了方向，那就有點像是相信上帝爲了誤導達爾文而造出一些化石。

這組對偶性顯示五個超弦理論都在描述同樣的物理，而且就物理而言，它們與超重力也都是等效的（圖2.16）。我們不能說超弦比超重力更基本，反之亦然。事實上，它們都是同一個基層理論的不同表述，各有各的專長領域。弦理論因爲沒有任何無限大，適合於計算幾個高能粒子碰撞和散射的過程。然而，想要描述巨量粒子所帶的能量如何令宇宙彎曲，或是形成像黑洞那樣的「受縛態」，它們卻幫不上什麼忙。在這些問題上，我們就需要超重力，因爲它基本上是愛因斯坦的彎曲時空理論，再額外加上一些材料。從現在起，我要用的主要就是這樣的圖像。

要描述量子理論如何塑造時間和空間的形狀，引進「虛數時間」的想法會很有幫助。虛數時間聽來有點像科幻題材，其實卻是一個定義明確的數學概念：以所謂的虛數來度量時間。我們可以把普通的實數，例如1、2、-3.5……想像

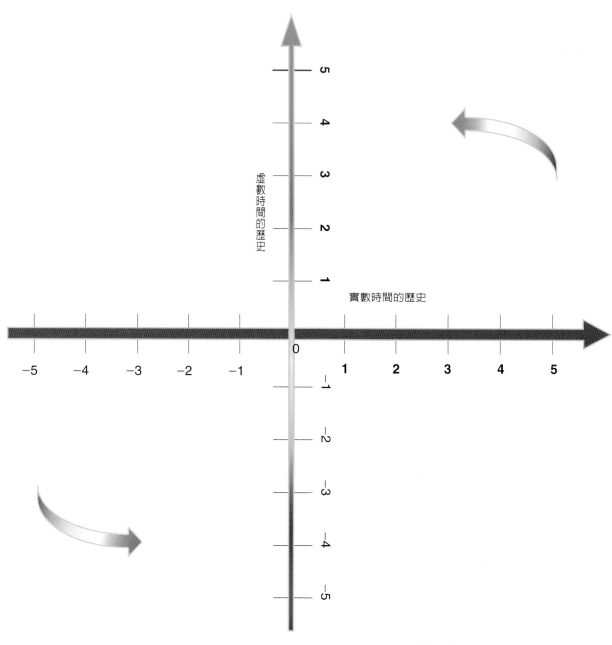

虛數時間的歷史

實數時間的歷史

（圖2.17）
我們可以建造一個數學模型，其中有互相垂直的虛數時間和實數時間。根據這個模型的規則，我們便能用實數時間的歷史決定虛數時間的歷史，反之亦然。

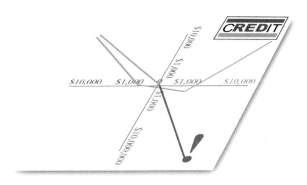

成對應於一條水平線上的各個位置：零在中間，正實數在右邊，負實數則在左邊（圖2.17）。

　　這麼一來，虛數可表示為對應於一條垂直線上的各個位置：零仍在中間，正虛數畫在上面，而負虛數畫在下面。因此我們可將虛數想像成一種新的數，與實數互相垂直。由於虛數是一種數學假想物，所以不需要實質的意義。世上沒有所謂的虛數個橘子，更沒有印著虛數的信用卡帳單（圖2.18）。

　　或許你會認為，這就代表虛數只是數學遊戲，與真實世界沒有任何關係。然而，就實證主義觀點而言，我們無法斷言什麼是真實。我們所能做的，只是確定哪些數學模型適合描述我們置身的宇宙。結果證明，用到虛數時間的數學模型不僅能導出已經觀測到的效應，還能導出我們目前測量不到、卻基於某些原因而深信存在的效應。所以說，什麼是實，什麼是虛？分別是否只存在我們心中？

　　在愛因斯坦的古典（亦即沒有量子效應）廣義相對論中，實數時間和三維空間結合而成四維時空。可是，實數時間維度和三個空間維度卻有明顯的不同；世界線（就是一名觀測者的歷史）在實數時間維度上總是向前進，也就是說時

（圖2.18）
虛數是數學上的假想物，信用卡帳單上絕不會有虛數。

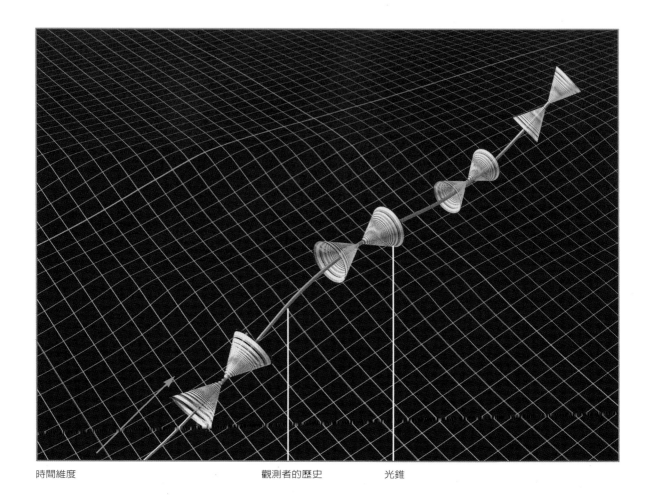

時間維度   觀測者的歷史   光錐

（圖2.19）
在古典相對論的時空中，由於時間
是實數，時間維度和空間維度有很
大的差異。這是因為時間只會沿著
觀測者的歷史增加，而空間維度則
不然，空間沿著這個歷史可增加亦
可減少。另一方面，量子理論中的
虛數時間則類似另一維空間，因此
既能增加也能減少。

間總是從過去流向未來，可是在三個空間維度上，世界線既
能向前進也能向後退。換句話說，我們可以在空間中轉向，
卻不能在時間中這麼做（圖2.19）。

　　另一方面，由於虛數時間垂直於實數時間，它表現得好
像第四個空間維度。因此之故，虛數時間擁有的可能性豐富
太多了，不像普通的實數時間有如鐵軌，只能從起點到終
點，不然就是繞圈圈。在這個虛數架構中，時間才會出現形
狀。

（圖2.20）**虛數時間**
在球面狀的虛數時間時空中，可用距離南極的遠近來表示虛數時間。從南極出發向北走，緯圈會逐漸變大，這對應於宇宙隨著虛數時間而擴張。在赤道處，宇宙達到極大值，倘若虛數時間繼續增加，宇宙便會開始逐漸收縮，最後在北極處縮成一點。然而，即使宇宙在南北兩極沒有大小，這兩點也不是奇異點，正如同地球的南北極是地球表面完全正常的兩點。這就意味著在虛數時間中，宇宙的起源可以是時空中的正常點。

虛數時間當作緯度

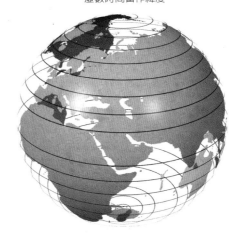

南極

北極

（圖2.21）
在球面狀的虛數時間時空中，虛數時間不但可以對應緯度，還可以對應經度。因為經線全部會在南北兩極交會，所以時間在這兩點停滯不動──即使虛數時間增加，你還是停留在同一點。這就好像在地球的北極向西走，怎麼走仍是停在北極一樣。

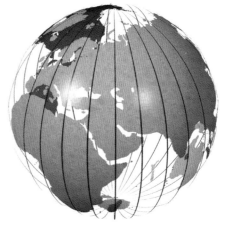

虛數時間當作經度，
全部在南北兩極交會。

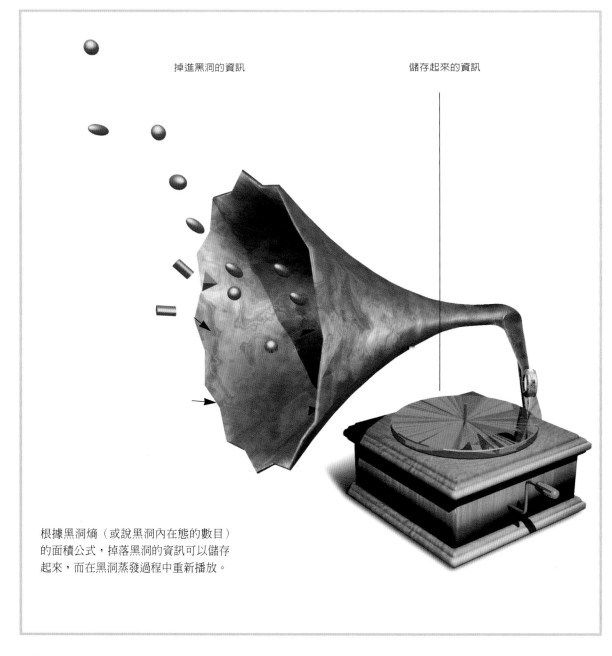

掉進黑洞的資訊

儲存起來的資訊

根據黑洞熵（或說黑洞內在態的數目）
的面積公式，掉落黑洞的資訊可以儲存
起來，而在黑洞蒸發過程中重新播放。

讓我們舉幾個例子。首先考慮一個虛數時間的時空，結構是類似地球表面的球面，並且假設虛數時間是緯度（參見第61頁，圖2.20）。那麼在虛數時間中，宇宙的歷史就是從南極開始。你不能問：「開始之前發生過些什麼？」這是毫無意義的問題。那樣的時間根本沒有定義，就像南極之南一樣不存在。在地球表面上，南極是個完全正常的點；其他地點適用的幾何法則，在南極都同樣適用。這就暗示我們，在虛數時間中，宇宙的起點可以是時空的一個正常點；宇宙其他時刻所適用的物理定律，在這個起點也同樣適用。（下一章，我們會討論宇宙的量子起源和宇宙的演化。）

為了示範另一種可能的情況，我們讓虛數時間對應於地球的經度（參見第61頁，圖2.21）。所有的經線都在南北兩極交會，因此虛數時間在那兩點是停滯的。換句話說，即使讓虛數時間增加，或說讓經度增加，你還是會留在同一點。這非常類似於在黑洞視界上，實數時間顯得停滯的情形。我們已經體認到，這個實數時間與虛數時間的停滯現象（若停滯兩者必一起停滯）代表時空也具有溫度，例如我所發現的黑洞溫度。其實黑洞不只有溫度，它還表現得彷彿擁有「熵」這種物理量。何謂黑洞熵？一個在外面的觀測者，只能觀測到黑洞的質量、旋轉和電荷；在這類觀測者無法察覺的情況下，黑洞內部可有多少變化，這個黑洞就有多少內在態，而黑洞熵正是在度量這些態的數目。一九七四年，我發現能用一個非常簡單的公式來定義黑洞熵。它正比於黑洞視界的面積：黑洞視界的每個基本單位面積，對應於黑洞內在態一位元的資訊。這就告訴我們，量子重力與熱力學（研究熱的科學，熵也是它的研究對象）之間有很深的關聯。這也暗示著

$$S = \frac{Akc^3}{4\hbar G}$$

黑洞熵公式

A	黑洞視界的面積
$\hbar$	蒲郎克常數
k	波茲曼常數
G	牛頓重力常數
c	光速
S	熵

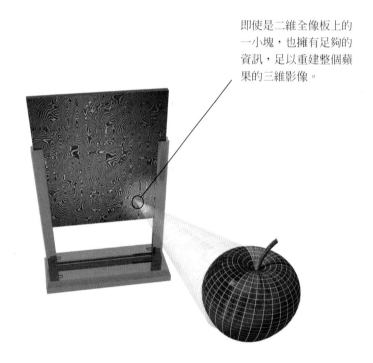

即使是二維全像板上的一小塊，也擁有足夠的資訊，足以重建整個蘋果的三維影像。

另一件事：量子重力有可能展現所謂的「全像性」（圖2.22）。

　　一個時空區域裡的所有量子態，其資訊有可能蘊含在此區域的二維空間邊界上，這就好像「全像照片」能在二維曲面上記錄三維影像。假如量子重力用得上「全像原理」，或許意味著我們能夠掌握黑洞裡的資訊。如果我們希望能夠預測黑洞會輻射出什麼，這點是最基本的要求。倘若做不到這一點，我們預測未來的能力就不如想像中那麼完整，這個問題將留在第四章討論。而在第七章，我們會再度討論全像性。我們有可能是活在一個三維膜上——一個包圍五維時空區域的四維時空曲面（三維空間加一維時間），其餘的維度則捲成非常小。而那個五維區域內所發生的事，則全部蘊含在這個膜世界的量子態中。

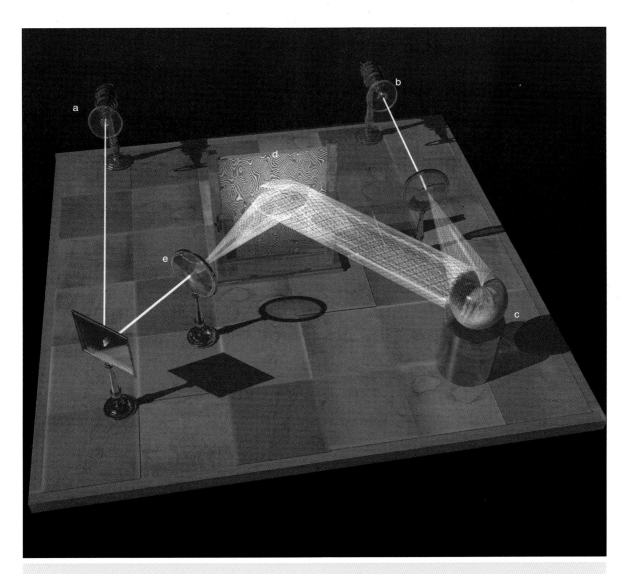

（圖2.22）本質上，全像性是光波的干涉現象。要產生全像照片，須將單一的雷射光一分為二，分成如圖a,b兩道光束。其中光束b射中物體c，然後反射到感光板d上面。另一道光束a則穿過透鏡e，然後和光束b的反射光相撞，而在感光板上產生一個干涉圖樣。

感光板沖洗好之後，每當有雷射光照到上面，就會顯現原物的「真正三維圖像」。倘若繞著這個全像照片走，你便能看到原本被遮住的部分，這是普通照片無法做到的。

左頁的全像板和普通照片最大的不同，在於它的二維表面任何一小塊都包含足夠的資訊，足以重建整個影像。

時　間　的　形　狀

第三章
胡桃裡的宇宙

宇宙其實擁有多重的歷史，
但爲何都由胡桃殼決定呢？

即使關在胡桃殼裡，
我也會把自己當作擁有無限空間的君王。

莎士比亞《哈姆雷特》
第二幕第二場

哈姆雷特或許是指人類雖然在肉體上有重重限制，心靈
卻能自由自在地探索整個宇宙，而且能夠勇敢航向連星艦
「企業號」都不敢去的地方。

宇宙究竟真是無限大，或者只是非常大？它究竟是始終
存在，或者只是很長壽？我們有限的心智，如何能理解一個
無限的宇宙？即便只是嘗試，會不會就是一種僭越？我們要
步上普羅米修斯的後塵嗎？（在希臘神話中，普羅米修斯從
天神處偷得火種送到人間，因而被鎖在一塊岩石上，還有隻
老鷹不斷啄食他的肝臟。）

雖然有這則警世寓言，但我仍舊相信我們能夠瞭解、也
應該試圖瞭解這個宇宙。我們在這方面已經有引人注目的進
展，過去這幾年尤其驚人。我們尚未得到一個完整的圖像，
但距離目標也不太遠了。

空間最明顯的特徵是能夠不斷、不斷延展。這點，已由
先進的裝置如哈伯望遠鏡所證實。透過哈伯望遠鏡，我們能
夠探索太空深處，結果看到了億萬個形狀不同、大小互異的
星系（參見第70頁，圖3.1）。每個星系都包含上億顆恆星，
其中許多都有行星環繞。在一個稱為銀河系的螺旋星系中，

上圖：瓶繪中的普羅米修斯，公元前
六世紀伊特拉斯坎文明的藝品。

左頁：在一次太空梭任務中，太空人
替哈伯太空望遠鏡更換升級設備。下
方的大陸是澳大利亞洲。

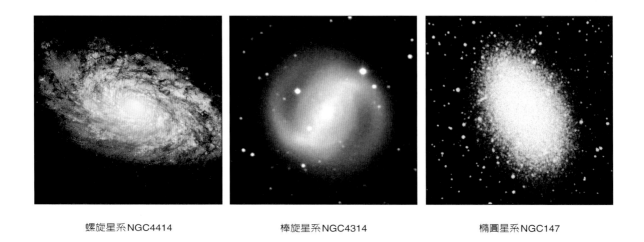

螺旋星系NGC4414　　　　　　棒旋星系NGC4314　　　　　　橢圓星系NGC147

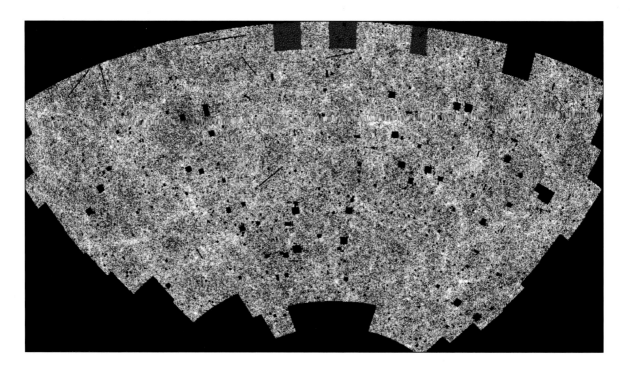

（圖3.1）我們望向宇宙深處，可以看見億萬個星系。星系有各種大小和形狀，有些是橢圓的，有些是螺旋狀的，我們的
銀河系屬於後者。

某個旋臂的外緣有一顆恆星,它的周圍有數顆行星,其中一顆就是我們居住的地球。銀河系各旋臂中的塵埃阻擋了我們的視線,使我們無法看清銀河盤面上的宇宙。但在這個盤面的兩側,我們擁有清晰的視線,得以畫出遙遠星系的位置(圖3.2)。我們發現星系大致上均勻分布在太空中,偶爾有些太擁擠或太稀疏的角落。在非常大的距離上,星系的密度逐漸降低,但那似乎是因為它們太過遙遠和黯淡,以致我們看不清楚。在我們觀測的極限內,宇宙在空間上無限延展(參見第72頁,圖3.3)。

宇宙雖然在空間上似乎各處幾乎一樣,在時間上卻絕對有著變化。這一點,科學家直到二十世紀初才瞭解。在此之前,大家都以為宇宙基本上是永恆不變的。它或許已經存在無限長的時間,然而這似乎會導致荒謬的結論。假使每顆恆

(圖3.2)

在銀河系中,我們的地球(E)位於這個螺旋星系的外緣。銀河系各旋臂中的星塵阻擋了我們沿著銀河盤面的視線,但是對於盤面的上下兩側,我們仍然看得很清楚。

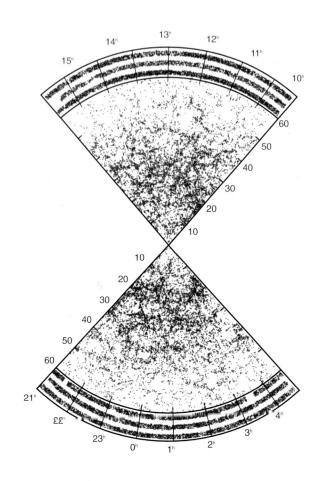

（圖3.3）
除了一些局部的集中傾向，星系在
太空中大致呈均勻分布。

星皆已輻射無限長的時間，它們會把整個宇宙燒得和自己一樣熱。即使在夜晚，整個天空也會明亮如太陽，因為你的每條視線只可能有兩個終點，一是一顆恆星，二是一團與恆星一樣熱的塵埃（圖3.4）。

「夜空是黑暗的」這個大家都觀測到的共通事實，其實有個非常重要的意義，意味著宇宙不可能一直是現在這個樣子。在有限久遠的過去，一定發生過什麼事，使得恆星開始發熱發光。因此非常遙遠的恆星所發射的光線至今尚未抵達地球，而這就解釋了夜空為何不是處處皆亮點。

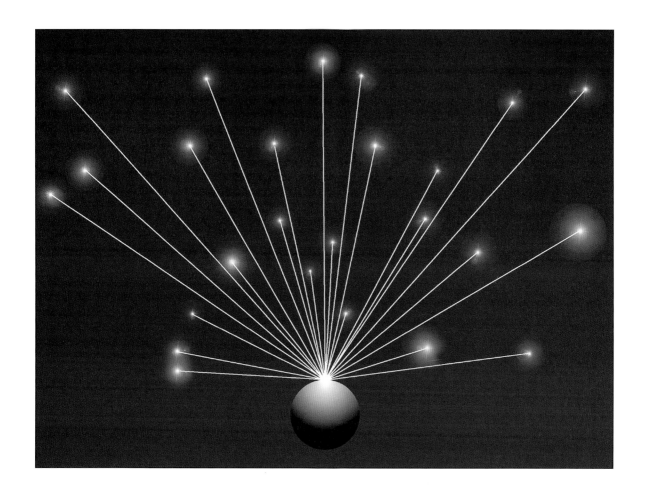

假使亙古以來每顆恆星都一直待在原處，又爲何在幾十億年前突然亮起來？哪來的鬧鐘，告訴它們發亮的時候到了？我們已經知道，這個問題困擾過許多哲學家，因爲他們都像康德一樣，相信宇宙在過去一直是存在的。但是對一般人而言，這個觀念卻不難接受，因爲他們以爲宇宙是在幾千年前創造的，而且始終沒有什麼改變。

然而，在二十世紀的第二個十年，斯里弗及哈伯所做的觀測開始牴觸上述觀念。一九二三年，哈伯發現許多黯淡的光點（當時所謂的星雲）其實是類似銀河系的其他星系。每

（圖3.4）
假使宇宙是靜態的，而且向四面八方無限延展，那麼每一條「視線」最後都會碰到一顆恆星，因而夜空會明亮如白晝。

都卜勒效應

都卜勒效應是日常生活中也能碰到的一種
物理現象。

注意傾聽飛過頭頂的飛機：當它接近時，
引擎的音調聽來比較高；當它逐漸遠離的
時候，引擎的音調就會比較低。較高的音
調對應的聲波具有較短的「波長」（相鄰
波峰的距離），以及較高的「頻率」（每秒
的波數）。

這是因為倘若飛機正在接近你，它在發射
一個波峰之後，再發射下一個波峰時會離
你比較近，因此使得相鄰兩波峰的距離縮
短。同理，若是飛機正在遠離你，就會將
引擎聲的波長拉長，於是你聽到的音調就
比較低。

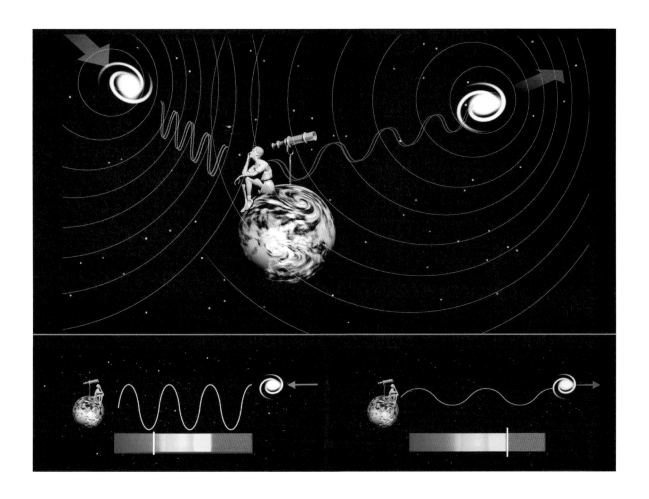

個星系都包含眾多類似太陽的恆星，不過距離一律極其遙遠。既然這些恆星看來那麼小、那麼暗，就代表它們必定距離地球極遠，以致需要幾百萬乃至幾十億年，它們發射的光線才會抵達地球。而這就表示，宇宙的起點不可能只有幾千年之久。

不過，哈伯的第二個發現更加驚人。之前的天文學家已經知道，藉由分析來自其他星系的光線，可以測出它們到底是在接近或是遠離我們（圖3.5）。而令他們驚訝不已的是，他們發現幾乎所有的星系都正在遠離。更有甚者，距離我們愈遙遠的星系，遠離我們的速度就愈快。哈伯則是第一個體

（圖3.5）
光波同樣具有都卜勒效應。某個星系和地球的距離若保持不變，其光譜的特徵譜線都會在正常的、標準的位置。然而，假如這個星系正在遠離我們，它的光波就會被拉長，因此特徵譜線全部會向紅端移動（右下）。反之，假如這個星系正在接近我們，它的光波就會被壓縮，特徵譜線就會表現出藍移（左下）。

銀河系的隔鄰：仙女座星系

1910-1930年間，斯里弗與哈伯的重大發現

1912年：斯里弗測量來自四個「星雲」的光線，發現其中三個具有紅移，而「仙女座星雲」則具有藍移。他解釋說，這是因為「仙女座星雲」正在接近我們，而其他三個「星雲」則在遠離我們。

1912-1914年：斯里弗測量了另外十二個「星雲」，其中十一個呈現紅移。

1914年：斯里弗在「美國天文學會」發表這個發現，哈伯聽到了這場演說。

1918年：哈伯開始研究那些「星雲」。

1923年：哈伯確定各個「螺旋狀星雲」，包括「仙女座星雲」在內，其實都是銀河系外的其他星系。

1914-1925年：斯里弗及其他天文學家繼續測量「都卜勒頻移」，到了1925年，紅移和藍移的數目是43:2。

1929年：哈伯與哈瑪遜宣布他們發現了宇宙正在擴張。因為他們發現在大尺度上，所有的星系都在互相遠離。

認到這項發現所隱含的重大意義：就大尺度而言，每個星系都在遠離其他各個星系，因此宇宙正在不斷擴張（圖3.6）。

「擴張的宇宙」這項發現，是二十世紀重大知識革命之一。它完全出乎科學家意料之外，而且徹底改變了宇宙起源的討論方向。假如所有的星系都在互相遠離，過去它們一定曾經比較靠近。根據現在的擴張率，我們可以估計在一百億至一百五十億年前，它們一定曾經彼此非常接近。上一章提到過，我與潘洛斯曾經證明：愛因斯坦的廣義相對論隱含了宇宙與時間必定都有一個起點。因此，我們得以解釋夜空為何是黑暗的：恆星發熱發光一律不超過一百億至一百五十億

在威爾遜山一百吋天文望遠鏡前的哈伯，攝於1930年。

（圖3.6）哈伯定律

藉由分析來自各個星系的光線，哈伯於1920年代發現幾乎所有的星系都在遠離我們，而遠離的速度V正比於它們和地球的距離R，因此V=H×R。這個重要的觀測結果稱為「哈伯定律」，它確定了宇宙正在擴張，而「哈伯常數」H就是宇宙的擴張率。

下圖使用新近觀測的星系紅移值，證實了即使在極遙遠的距離，哈伯定律仍然成立。圖形在右上角稍微上彎，代表宇宙的擴張正在加速，這或許是真空能導致的結果。

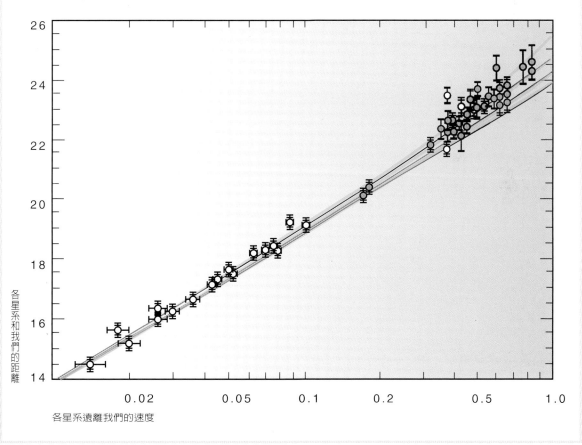

各星系和我們的距離

各星系遠離我們的速度

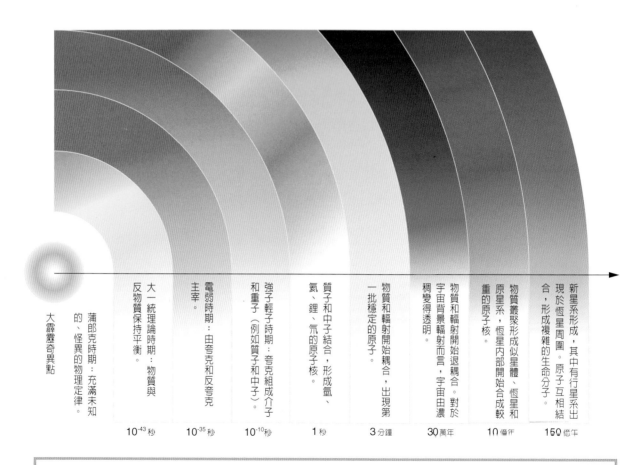

大霹靂奇異點

蒲郎克時期：充滿未知的、怪異的物理定律。

大一統理論時期：物質與反物質保持平衡。

電弱時期：由夸克和反夸克主宰。

強子輕子時期：夸克組成介子和重子（例如質子和中子）。

質子和中子結合，形成氫、氦、鋰、氘的原子核。

物質和輻射開始耦合，出現第一批穩定的原子。

物質和輻射開始退耦合。對於宇宙背景輻射而言，宇宙由濃稠變得透明。

物質叢聚形成似星體、恆星和星系，恆星內部開始合成較重的原子核。

新星系形成，其中有行星系出現於恆星周圍。原子互相結合，形成複雜的生命分子。

10^{-43}秒　　10^{-35}秒　　10^{-10}秒　　1秒　　3分鐘　　30萬年　　10億年　　150億年

熱霹靂

假如廣義相對論是正確的，則宇宙始於一個溫度無限高、密度無限大的大霹靂奇異點。隨著宇宙的擴張，輻射的溫度逐漸降低。大霹靂之後0.01秒左右，溫度約為一千億度，宇宙主要成分是光子、電子和微子（一族極輕的粒子）以及它們的反粒子，此外還有一些質子和中子。接下來三分鐘，隨著宇宙溫降到十億度左右，質子和中子開始結合，形成氫、氦以及其他幾種輕原子核。

幾十萬年之後，當溫度降低至幾千度，電子減速到足以被輕原子核捕捉而形成原子。然而，那些較重的元素，例如我們體內的碳和氧，卻要一直等到幾十億年後，才會由恆星中心的氦經由核反應製造出來。

這個稠密高溫的早期宇宙圖像，是1948年蓋莫夫在他與艾弗合寫的一篇論文中首度提出的。他們在文中做出一項驚人的預測：至今，這個由極高溫的早期宇宙釋放出的輻射仍應存在。1965年，物理學家潘佳斯和威爾森觀測到宇宙微波背景輻射，因而證實了上述預測。

年，也就是大霹靂至今這段時間。

我們通常認為有果必有因，而那個因又有前因，這樣的「因果關係鏈」一直不斷向過去延伸。可是假如這個因果鏈有個起點，假如真有所謂的「第一因」，它又是怎麼來的呢？這是許多科學家都不喜歡討論的題目，他們總是試圖迴避——或是像那兩位俄國科學家，宣稱宇宙並沒有一個起點；或是主張宇宙的起源並非科學問題，而是屬於形上學或宗教。在我看來，真正的科學家不應該抱持這樣的態度。假如科學定律在宇宙的起點派不上用場，難道在其他時刻就不可能失效嗎？倘若有時成立有時失效，那就不該稱為定律。我們必須在科學的基礎上，試圖瞭解宇宙的起源。這或許是超出我們能力的任務，但我們至少應該試試看。

我與潘洛斯證明的那組定理，雖然顯示宇宙必須有個起點，卻未針對那個起點的本質提供多少資訊。它只是指出宇宙從一場大霹靂開始，整個宇宙與其中的一切，當時都擠成一個密度無限大的點。在這個點上，愛因斯坦的廣義相對論勢必失效，所以無法用它來預測宇宙是如何開始的。於是，宇宙的起源看來真是超乎科學的範圍。

這並非科學家應該滿意的一個結論。正如前兩章指出的，廣義相對論在大霹靂附近失效的原因，在於它並未考慮測不準原理——基於不相信上帝會玩骰子，愛因斯坦拒絕接受量子理論中這個隨機因素。然而目前所有的證據，都指出上帝是個大賭徒。我們可以想像宇宙像個大賭場，隨時隨地有人擲骰子、押輪盤（參見第80頁，圖3.7）。你或許以為開

賭場是非常冒險的行業，因為每一局都會有輸錢的風險。沒錯，某一特定賭局的結果是無法預測的，但是倘若累積大量的賭局，輸贏平均下來，卻會得到可預測的結果（圖3.8）。賭場老闆一定會讓自己的平均贏面較大，這就是為什麼他們個個都是富翁。你若想贏他們，唯一的機會是在一兩場賭局內孤注一擲。

　　宇宙也是一樣：當宇宙夠大的時候，例如當今這個宇宙，隨處可見大量的擲骰子遊戲，因此平均結果是可以預期的。古典物理適用於足夠大的系統，正是這個原因。可是，當宇宙非常小的時候，例如接近大霹靂的時刻，擲骰子遊戲並不普遍，測不準原理因此非常重要。

　　由於宇宙一直靠擲骰子決定自己的命運，它並非只有單一的歷史，這點或許出乎你意料之外。事實上，各種可能的歷史，各有各不同的機率，都必須是宇宙的一部分。一定有某一個宇宙歷史，其中小國貝里斯在奧運會中贏得所有的金牌，不過這個歷史或許機率很低。

　　宇宙擁有多重歷史這個想法，聽來或許像科幻題材，但是現在已被視為科學事實。最先將這個想法寫成公式的人，是偉大的物理學家、舉世無雙的妙人費因曼。

　　目前我們正在研究的課題，是結合愛因斯坦的廣義相對論和費因曼的多重歷史，組成一個能夠預測宇宙萬事萬物的一統理論。假如我們知道宇宙歷史是如何開始的，這個一統理論便能讓我們計算宇宙將會如何發展。可是，對於「宇宙是怎樣開始的」、「宇宙初始態為何」之類的問題，這個一統理論本身卻不會提供答案。對於這些問題，我們需要所謂的「邊界條件」——唯有掌握這組規則，我們才能知道宇宙的最前端、時空的邊緣發生了些什麼。

　　假如宇宙最前端只是時間與空間上的一個普通點，那麼我們就能越過它，聲稱之外的領域也是宇宙的一部分。另一

（圖3.7（本頁），圖3.8（次頁））
假如一名賭徒每次都押紅色，在他賭了許多次之後，由於個別結果都被平均掉，我們可以相當精準地預測他的輸贏。
另一方面，任何一次單獨的結果都是不可能預測的。

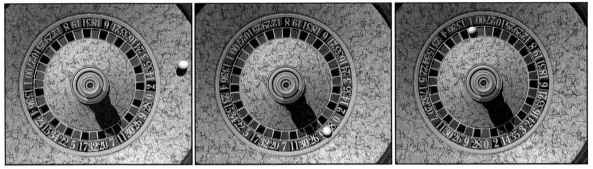

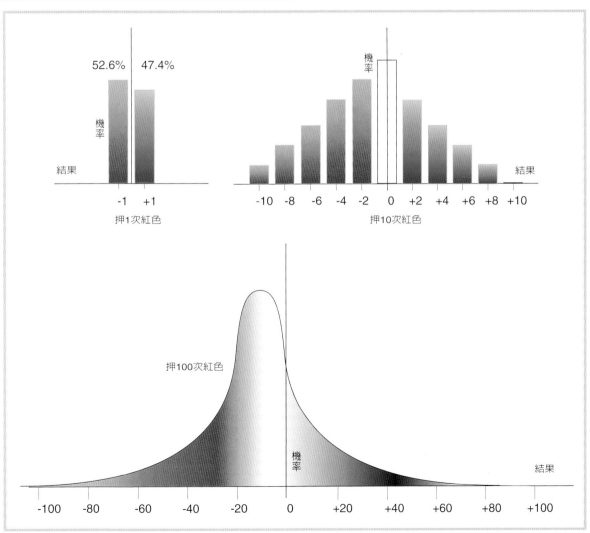

假如宇宙的邊界只是時空中一個
點，我們就能不斷延伸疆域。

方面，假如宇宙有個參差不齊的邊緣，該處時間與空間極度
扭曲，密度則是無限大，那麼定義邊界條件會非常困難。

　　然而，我與我的搭檔哈托領悟到還有第三種可能：也許
宇宙在時間與空間中根本沒有邊界。乍看之下，這似乎直接
牴觸我與潘洛斯證明的那組定理，因為那組定理說宇宙必須
有個起點，也就是時間上的邊界。然而，正如第二章提到
的，除了我們所感知的普通時間，還有一種稱為「虛數時間」
的時間，兩者剛好互相垂直。宇宙在實數時間中的歷史，決
定了它在虛數時間中的歷史，反之亦然，但是這兩類歷史可
以截然不同。尤其是在虛數時間中，宇宙並不需要起點或終

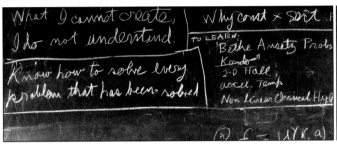

費因曼1988年逝世前,在加州理工學院的黑板上留下的字跡。　費因曼

費因曼的故事

費因曼1918年生於紐約州一個小鎮,1942年在惠勒指導下自普林斯頓大學拿到博士學位。不久之後,他接受徵召加入曼哈坦計畫。在此期間,他的才華和惡作劇讓他享有大名(在洛沙拉摩斯,他常常喜歡行竊最高機密的保險箱),不過他也是一位不凡的物理學家,曾對原子彈理論做出重要貢獻。對這個世界永無休止的好奇心,是費因曼活在世上的終極意義。好奇心不但造就了他的科學成就,還驅使他立下許多驚人功業,例如破解馬雅象形文字。

二次世界大戰結束後,費因曼發現一個研究量子力學的新利器,因而獲得1965年諾貝爾物理獎。古典物理有個基本假設:每一個粒子擁有一個特定的歷史,費因曼卻大膽挑戰這個假設,主張粒子會沿著時空中各個可能路徑從甲地到乙地。對上述每一條路徑,費因曼定義一個波,並且賦予兩個數目:一是波的大小(波幅),一是波的相位(例如波峰或波谷)。將連接兩地各個可能路徑所對應的波總和起來,就能算出粒子從甲地到乙地的機率。

然而在日常生活中,物體似乎僅僅沿著一條路徑移動。這和費因曼的多重歷史概念並不衝突,因為對於任何大型物體,對各路徑指定數目的規則都會確保下列結果:把各路徑所對應的數目加起來之後,除了一條之外,其他的路徑都會互相抵消。因此對於巨觀物體的運動而言,在無限多條路徑中,只有一條真正有意義,它正是牛頓運動定律算出來的那條路徑。

點。虛數時間表現得像另一維空間,因此,你可將虛數時間中的宇宙歷史想像成類似球面、平面或馬鞍的曲面,不過這個曲面是四維而非二維(參見第84頁,圖3.9)。

假如宇宙的歷史像馬鞍或平面那樣延伸到無限遠,那麼無限遠處的邊界條件會是個難題。可是,假如虛數時間中的宇宙歷史是封閉曲面,比方說類似地球的表面,我們就根本不必管什麼邊界條件。地球表面並沒有任何邊界或邊緣,我們從未聽說有人真正「掉出去」。

假如我與哈托的假設正確,虛數時間中的宇宙歷史的確是封閉曲面,那麼它對宇宙創生的哲學觀與物理觀,都會提

粒子的古典路徑

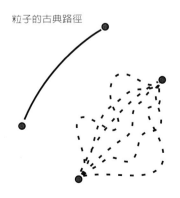

在費因曼路徑積分中,粒子會經過各個可能路徑。

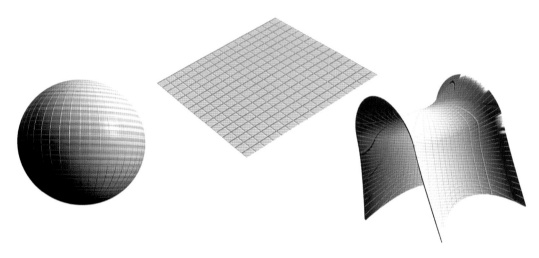

（圖3.9）宇宙的可能歷史
倘若宇宙歷史像馬鞍面那樣延伸到無限遠，如何定出無限遠
處的邊界條件會是個大問題。假如虛數時間中的宇宙歷史都
是類似球面的封閉區面，我們就根本不必定什麼邊界條件。

物理定律與初始條件

物理定律決定一個初始態如何隨著時間演化。例如，我們若向天空丟石頭，重力定律和運動定律會準確決定它接下來的運動。

可是單單根據這些定律，我們無法預測石頭會落在哪裡。要做這種預測，我們還必須知道它離手時的速率和方向。換句話說，我們必須知道石頭運動的初始條件，或說邊界條件。

宇宙學試圖利用物理定律描述整個宇宙的演化，因此我們必須先問宇宙的初始條件是什麼，以及物理定律的使用對象為何？

初始態或許曾對宇宙的基本面貌有過很大影響，甚至可能影響到基本粒子和基本作用力的性質，而這些性質與生命的出現息息相關。

「無邊界初始條件」是初始態的假設之一，它認為宇宙的時間和空間都是有限的，形成一個沒有邊界的封閉區面。就好像地球表面的大小有限，可是卻沒有任何邊界。這個「無邊界假設」植基於費因曼的多重歷史概念，但是原本「費因曼和」中的粒子歷史，卻由代表整個宇宙歷史的完整時空所取代。「無邊界初始條件」對宇宙可能的歷史作出限制，篩選出那些在虛數時間中沒有邊界的時空。換句話說，宇宙的邊界條件就是沒有邊界。

至於受到無邊界假設（或許加上弱人本原理）青睞的初始態，是否較有可能演化成像我們觀測到的這個宇宙，則是宇宙學家目前正在研究的問題。

供一個基本的啓示：宇宙是完全自給自足的，不需要任何外力爲它上發條。恰恰相反，科學定律加上無所不在的擲骰子遊戲，便能決定宇宙中的萬事萬物。這種說法聽來或許冒失，但是我與許多科學家都深信不疑。

即使宇宙的邊界條件就是沒有邊界，它也不會只有單一歷史。宇宙仍將如費因曼所言，具有多重的歷史。對應於每個可能的封閉曲面，都會有一個虛數時間中的歷史；而每個虛數時間中的歷史，都會決定一個實數時間中的歷史。如此一來，宇宙的可能性就多得過了頭。從所有可能的宇宙中，我們生存的這個宇宙是如何脫穎而出的？不難發現的一點是，許多可能的宇宙歷史都不具有形成星系與恆星的情節，而我們自己也就無從產生。雖說即使沒有星系與恆星，智慧生命或許也能演化出來，不過機率似乎太小。因此，我們這群生物能夠質問「宇宙爲何如此」這個事實，便大大限制了宇宙的歷史。這意味著少數那些出現星系與恆星的歷史，才是眞正宇宙歷史的候選者，而這就是「人本原理」的一個例子。所謂的人本原理，是說宇宙必須和我們看到的樣子差不多，因爲假使太不一樣，就不會出現智慧生命來觀察它（參見第86頁，圖3.10）。

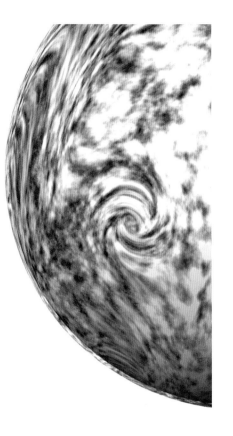

地球表面並沒有任何邊界或邊緣，從未聽說有失足墜落的眞實案例。

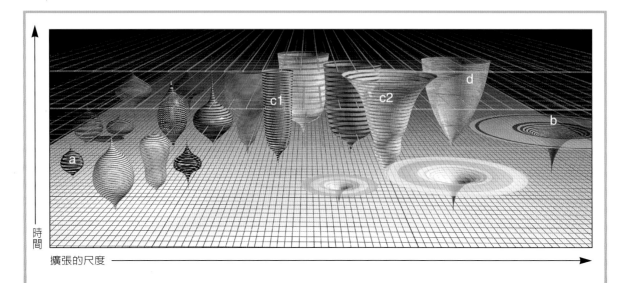

人本原理

簡單地說,人本原理是指我們之所以看到宇宙(至少有一部分)是這個樣子,正是因為我們活著。與之恰恰相反的是,有些科學家夢想找到統一的、具有絕對預測能力的理論,其中有完備的自然律,而宇宙之所以如此是因為它不可能是別的樣子。人本原理有好些不同的形式,最弱的形式簡直言之無物,最強的形式則近乎荒謬。雖然大多數科學家不願接納「強人本原理」,卻鮮有科學家反對「弱人本原理」的用處。

弱人本原理等於是在解釋「我們能存在於宇宙的哪個時期」。例如,大霹靂為何發生於大約一百億年前?答案是宇宙年齡必須夠大,才能讓某些恆星完成演化,而產生氧和碳之類的元素,否則就不會有我們;而宇宙年齡又不能太大,才能有恆星繼續提供能量來滋養生命。

在無邊界假設的架構下,我們可用費因曼規則對每個宇宙歷史指定數目,以便找出宇宙的哪些性質比較可能出現。在此,人本原理必須要求這些歷史能孕育出智慧生命。當然,假如可以證明「許多不同的初始態都很可能演化出我們觀測到的這個宇宙」,那麼你會比較喜歡人本原理,因為那就代表我們這部分宇宙的初始態並不需要仔細檢選。

（圖3.10，前頁）
左側是幾個封閉宇宙（例如
a），它們最後會收縮並崩
墜。右側是幾個開放宇宙
（例如b），它們會一直擴張
下去。
剛好介於會崩墜的宇宙和一
直擴張的宇宙之間的臨界宇
宙（例如c1），或是具有雙
重暴脹的宇宙（例如c2），
才有可能孕育出智慧生命。
我們的宇宙（d）至今仍會
繼續擴張。

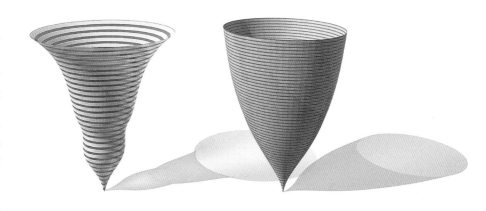

雙重暴脹能孕育出智慧生命　　　　　　我們的宇宙自暴脹後繼續擴張至今

許多科學家不喜歡人本原理，因為它似乎相當含糊，而且看來沒有什麼預測能力。其實我們能為人本原理寫下明確的表述，而且在研究宇宙起源時，它似乎也是不可或缺的一環。第二章提到過，M理論所允許的宇宙歷史有非常多種。這些歷史大多不適合發展出智慧生命——或者其中空無一物，或者存在時間太短，或者太過彎曲，或者存在別的問題。但根據費因曼的多重歷史概念，這些無人的歷史也能擁有相當高的機率（參見第84頁）。

　　其實，不包含智慧生命的宇宙歷史究竟有多少，根本一點關係也沒有。我們感興趣的，只有那些能發展出智慧生命的歷史。在此智慧生命不一定非人類不可，外星人一樣可以。事實上，或許外星人反而更好。談到智慧行為，人類並沒有非常優良的紀錄。

　　為了說明人本原理的威力，讓我們拿空間維度當作例子。我們生存在三維空間中，這是眾所皆知的經驗與常識。而這就是說，要指定空間中某一點的位置，只要三個數字即可，例如經度、緯度以及海拔高度。可是

空間爲什麼是三維的？爲什麼不像科幻小說寫的，是二維、四維或其他維數呢？在M理論中，空間共有九維或十維，不過其中六維或七維捲成非常小，具有大尺度且近乎平坦的也只剩三維（圖3.11）。

我們爲何不是活在一個只能察覺到兩維空間、而有八維捲成很小的歷史裡？對一隻二維動物而言，消化食物是一件困難的事。假使牠有一條通到底的腸子，那條腸子就會把牠切成兩半。所以說，僅僅兩個平坦的空間維度，不足以產生像智慧生命這樣複雜的系統。另一方面，假如有四個或更多個近乎平坦的空間維度，那麼在兩個物體接近之際，兩者間的重力會增加得太過迅速。這就意味著恆星周圍的行星不會有穩定的軌道；它們要不就是掉進恆星裡面（圖3.12A），要不就是飛到寒冷黑暗的外太空（圖3.12B）。

同理，在這種情況下，原子中的電子軌道也不會穩定，

（圖3.12A）

（圖3.12B）

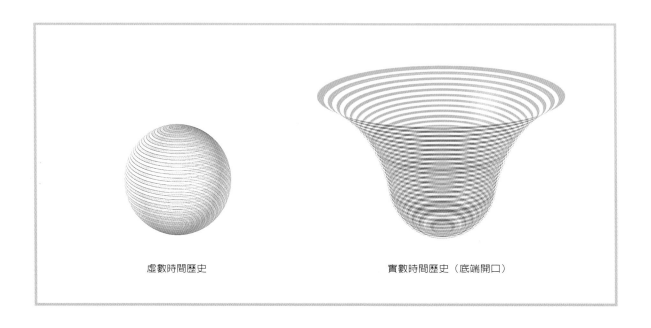

虚數時間歷史　　　　　　　　　　　　實數時間歷史（底端開口）

（圖3.13）
在各種無邊界的虚數時間歷史中，最簡單的一種是個球面，它決定了一個以暴脹方式擴張的實數時間歷史。

因此我們熟知的物質都不可能存在。所以說，雖然多重歷史構想允許任意維的近乎平坦空間，卻只有平坦空間維度為三的歷史擁有智慧生命。也只有在這樣的歷史中，才會出現「為什麼空間有三維？」這樣的問題。

在虚數時間中，最簡單的宇宙歷史是個類似地球表面的球面，不過要比地球表面還多兩維（圖3.13）。它決定了實數時間中的宇宙歷史，其中的宇宙在各個角落毫無差異，而且隨著時間而擴張。就這兩方面而言，它很像我們生存的這個宇宙。可是這個宇宙的擴張率非常快，而且愈來愈快。這樣的加速擴張稱為「暴脹」，因為它很像物價不斷「暴漲」的趨勢。

物價的暴漲通常被視為一件壞事，可是對宇宙而言，暴

（圖3.14）　　　　　物質對應的能量　　　　　　　　　　　　　　　重力對應的能量

脹卻是非常有利的。這種大量的擴張，會把早期宇宙可能出現的坑窪或疙瘩通通扯平。在擴張過程中，宇宙一直從重力場借能量來製造更多的物質。帶正號的質能和帶負號的重力能剛好抵消，因此總能量等於零。當宇宙變成兩倍大之際，質能與重力能同步倍增，所以仍然互相抵消（圖3.14）。

　　假使虛數時間中的宇宙歷史是個完美的球面，實數時間中對應的歷史就是個以暴脹方式永遠擴張的宇宙。在這個暴脹過程中，物質無法聚在一起形成星系與恆星，因而任何生命皆無法產生，更遑論像我們這樣的智慧生命。所以說，雖然根據多重歷史的概念，虛數時間的宇宙歷史可以是個完美的球面，這些歷史卻沒有什麼研究價值。然而，若將虛數時

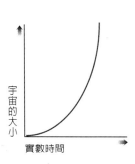
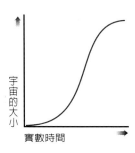

（圖3.15）**暴脹宇宙**

在熱霹靂模型中，早期宇宙沒有足夠時間讓熱流來流去。然而如今無論我們觀測哪個方向，微波背景輻射的溫度卻都一樣。這就意味著，宇宙的初始態一定是各個角落的溫度都完全相同。

為了解釋眾多不同的初始態都能演化成當今這樣的宇宙，有人建議早期宇宙或許經歷過一段擴張非常快速的時期。我們將這段擴張稱為「暴脹」，用以強調它不斷在加速，並非如今觀測到的減速擴張。而這樣一段暴脹期，能為宇宙各個方向看來一樣提供一個解釋：因為在早期宇宙中，光線有足夠時間到處跑來跑去。

宇宙倘若以暴脹方式永遠擴張下去，它所對應的虛數時間歷史是一個完美的球面。可是我們這個宇宙的暴脹擴張只持續了極短時間，因而星系得以形成。這就代表在虛數時間中，我們這個宇宙的歷史雖然是個球面，可是南極附近有點扁平。

批發價指數：超級通貨膨脹

1914年7月	1.0
1919年1月	2.6
1919年7月	3.4
1920年1月	12.6
1921年1月	14.4
1921年7月	14.3
1922年1月	36.7
1922年7月	100.6
1923年1月	2,785.0
1923年7月	194,000.0
1923年11月	726,000,000,000.0

1914年的一馬克

1923年的十萬馬克

1923年的二百萬馬克

1923年的一千萬馬克

1923年的一千億馬克

間中的宇宙歷史在四維球面的南極處稍微壓平，便能和我們的宇宙建立密切關係（圖3.15）。

這樣一來，在實數時間中對應的宇宙歷史最初會以加速的、暴脹的方式擴張。可是不久之後，擴張便開始變慢，而星系便得以形成。為了要讓智慧生命能夠出現，南極處只能稍微壓平一點點，這就代表宇宙起初會有巨量的擴張。德國在兩次大戰間的通貨膨脹是歷史上空前絕後的，物價卻只漲了幾十億倍；宇宙間曾經出現的暴脹，則是至少脹大一兆兆兆倍（圖3.16）。

基於測不準原理，不會只有一個宇宙歷史能孕育智慧生命。事實上，虛數時間中有一整族稍微變形的球面，個個對應於實數時間中暴脹期很長卻有限的宇宙。因此我們可以

（圖3.16）**通貨膨脹**
德國在一次世界大戰之後發生通貨膨脹，到了1920年二月，物價變成1918年的五倍。而自1922年七月開始，德國進入超級通貨膨脹期。人民對貨幣完全失去信心，物價指數連續十五個月以加速度上升，甚至超過印鈔機的速度，以致鈔票的生產還趕不上貨幣的貶值。到了1923年末，總共有300家造紙廠全速趕工，好讓150家印刷廠用2000台印鈔機日夜印刷鈔票。

a

b

c

（圖3.17）

可能的歷史與不可能的歷史
像a這樣的平滑歷史是最有可能的，
可是它們為數不多。

雖然稍微不規則的歷史b和c都比較
不可能，不過它們為數眾多，因此
最可能的宇宙歷史會稍微偏離完全
平滑的歷史。

問，在這些可能的歷史當中，哪一個最有可能？結果答案
是：那些最可能的歷史並非完全平坦，而是具有微小的凹凸
（圖3.17）。在這些最可能的歷史上，那些好像漣漪的凹凸實
在非常微小，與完全平滑僅有十萬分之幾的出入。不過雖然
它們極其微小，我們卻已經設法觀測到，那就是來自太空不
同方向的微波相互之間的微小差異。「宇宙背景探索者」
(COBE)衛星於一九八九年升空後，畫出了天空的微波分布
圖。

不同的顏色代表不同的溫度，但是從紅色到藍色，整個
溫度範圍大約只有萬分之一度。然而早期宇宙各區域間若有
這樣的差異，稠密區域的過盛重力便能逐漸制止本身的擴
張，進而讓物質因自身重力而塌縮，形成星系與恆星。因此
至少原則上而言，COBE微波分布圖是宇宙所有結構的藍
圖。

那些最可能的、足以出現智慧生命的宇宙歷史，未來的

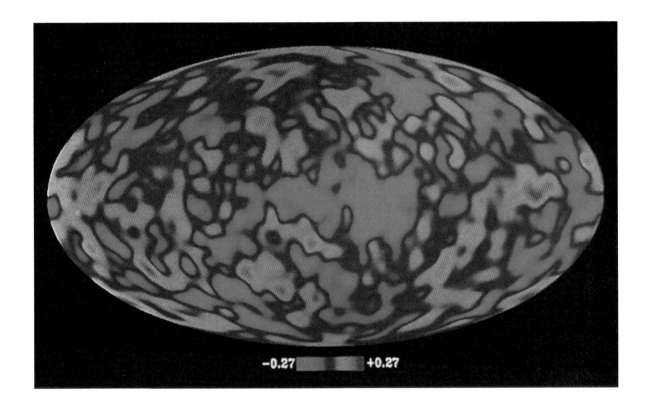

-0.27 +0.27

行為會怎樣呢？答案是，似乎有幾種不同的可能，端視宇宙中物質的多寡而定。假如物質超過某個臨界量，星系間的重力吸引會讓星系愈來愈慢，終將不再相互遠離。然後星系便會開始彼此靠近，最後通通撞在一起。這就是所謂的「大崩墜」，它是宇宙歷史在實數時間中的終點（參見第96頁，圖3.18）。

　　假如宇宙的密度低於臨界值，那麼重力就會太弱，不足以阻止星系永遠互相遠離。最後，所有的恆星都會熄滅，宇宙會變得愈來愈空，愈來愈冷。因此到頭來，宇宙仍會抵達一個盡頭，只是比較不那麼慘烈。不過無論上述何者正確，宇宙都還會持續好幾十億年（參見第96頁，圖3.19）。

　　除了物質之外，宇宙還可能擁有所謂的「真空能」：即

COBE衛星上的「比差微波輻射計」所繪製的全天圖，圖中顯示時間皺紋的證據。

（圖3.18，本頁）
宇宙的一個可能結局是「大崩墜」，所有的物質都被吸進一個鋪天蓋地的重力阱裡面。

（圖3.19，次頁）
漫長而冰冷的另一種結局：萬事萬物趨於靜止，恆星也通通燒光了燃料，眼看就要熄滅。

使在空無一物的空間中也存在的能量。根據愛因斯坦的著名公式$E=mc^2$，這個真空能具有等效的質量，而這就代表它的重力效應會影響宇宙的擴張。可是非常奇怪，就重力效應而言，真空能與物質恰好相反。物質會導致擴張減速，甚至最後停止然後轉向；反之，真空能卻會使擴張加速，有如暴脹時的情形。事實上，真空能表現得正像第一章提到的宇宙常數——一九一七年，愛因斯坦發現他的方程式不允許代表靜態宇宙的解，於是在其中加入這個常數。等到哈伯發現宇宙的擴張之後，引進這個常數的動機便消失了，愛因斯坦遂將宇宙常數當作錯誤棄置一旁。

然而，宇宙常數或許根本不是錯誤。正如第二章所說，

我們現在瞭解到：量子理論指出時空中充滿著量子起伏。在
一個超對稱理論中，就不同自旋的粒子而言，有些基態起伏
的能量是正無限大，有些則是負無限大，而這兩者會互相抵
消。可是，由於宇宙並非處於超對稱態，我們並未預期正負
無限大的能量抵消得乾乾淨淨、沒有留下一點有限的真空
能。唯一令我們驚訝的是，真空能是如此接近零，以致過去
並不怎麼明顯。或許這是人本原理的另一個例子：具有較大
真空能的宇宙歷史不會出現星系，所以其中不會有人問：
「真空能為何那麼高？」

　　藉著幾種觀測，我們可以試著決定物質與真空能在宇宙

宇 宙 常 數
難 道 是
我 一 生
最 大 的
錯 誤 ？

愛 因 斯 坦

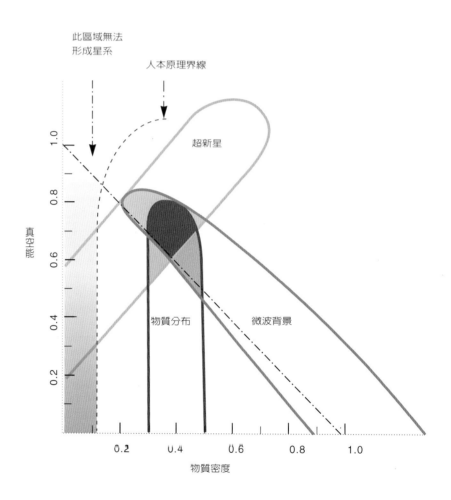

（圖3.20）
將我們對遙遠超新星、宇宙微波背景輻射及宇宙中物質分布這三項觀測結果放在一起，便可對真空能和宇宙物質密度做出相當好的估計。

中的數量。這些觀測結果可以畫在圖表中，其中物質密度是橫軸，真空能是縱軸，虛線則隔出能夠形成智慧生命的區域（圖3.20）。

根據我們對超新星、物質叢聚及微波背景的觀測，可以在這個圖表中畫出三個區域。幸運的是，這三個區域具有共同的交集。假如物質密度與真空能落在這個交集內，就意味著在長期減速之後，宇宙的擴張已經開始再度加速。照這樣

即使關在胡桃殼裡，
我也會把自己當作擁有無限空間的君王。

莎士比亞《哈姆雷特》第二幕第二場

看來，暴脹可能是個自然律。

在這一章裡，我們看到如何利用虛數時間中的宇宙歷史
（一個微小的、有點扁的球面），來瞭解這個浩瀚宇宙的行
為。它很像哈姆雷特所說的胡桃殼，卻蘊含著實數時間宇宙
的一切資訊。所以哈姆雷特說得很對，我們即使關在胡桃殼
裡，仍然能夠把自己當作擁有無限空間的君王。

胡 桃 裡 的 宇 宙

第四章
預測未來

遺失在黑洞內的資訊，
會削減我們預測未來的能力？

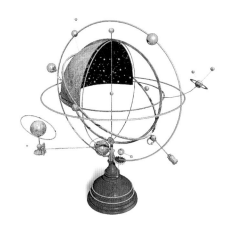

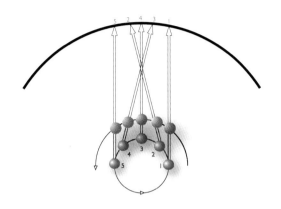

（圖4.1）
觀測者位於環繞太陽的地球（藍色）上，看到環繞太陽的火星（紅色）投影在某個星座的背景上。
行星在天空中的複雜「視運動」可用牛頓諸定律圓滿解釋，對個人的命運毫無影響。

　　自古至今，人類總是想要控制未來，或至少能預測未來，這正是占星術如此流行的原因。根據占星術的說法，地上的事物與天上行星的運動有著密切關聯。這是個可用科學方法驗證的假設，或者說，假使占星術士能夠挺身而出、做些明確的預測，那麼占星術不難以科學檢驗。然而他們都相當聰明，總是把預言說得模稜兩可，以便適用於任何結果。例如「人際關係可能加強」或是「你會發一筆小財」之類的說法，是永遠不會被推翻的。

　　不過，大多數科學家之所以不相信占星術，真正理由卻並非它沒有科學證據，而是因為它牴觸了好些通過實驗驗證的理論。一旦哥白尼與加利略發現行星並非環繞地球，而是環繞太陽運轉，接著牛頓又發現了主宰行星運動的定律，占星術就變得極度不可信了。請問，各顆行星在以地球為中心的天幕上所投射的位置，和地球上一堆自稱智慧生物的巨型分子怎麼會有關聯（圖4.1）？但這正是占星術要我們相信的事情。本書所介紹的某些理論，實驗證據並不比占星術更多，我們卻相信它們正確無誤，原因是它們契合那些已經通過實驗的理論。

本月火星進入人馬座，對你而言尋求自覺的時候到了。火星要求你過自己希望過的生活，而不是別人要你過的生活，這件事將會發生。

本月二十日，土星在你的太陽星圖上進入的區域將影響到你的事業與生涯，而你會學著負責任，以及處理困難的人際關係。

然而在滿月時，你將對整個人生作出極佳的洞察與體悟，這會令你徹底改變。

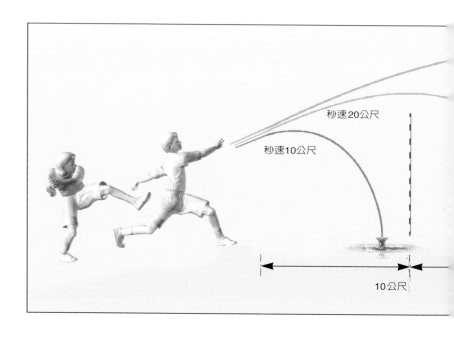

（圖4.2）
假如知道棒球投出之際的位置和速度，你就能預測它會飛去哪裡。

（圖4.3）

牛頓運動定律與其他物理理論的成功，導致了「科學型命定性」這個概念；十九世紀初，法國科學家拉普拉斯頭一個提出這樣的想法。拉普拉斯認為，假使我們知道宇宙中所有粒子在某一刻的位置與速度，物理定律就應該能讓我們預測之前或之後任何時刻的宇宙狀態（圖4.2）。

換句話說，假如科學型命定性成立，原則上我們應該有辦法預測未來，根本不需要什麼占星術。當然，實際上，即使簡單如牛頓的重力理論，導出的方程式也很複雜，除非只有兩個物體，否則不可能找到精確解。更有甚者，這些方程式通常具有所謂「混沌」的性質，因此位置或速度在某一刻的小小變化，會導致之後完全不同的行為。看過《侏羅紀公園》的觀眾都知道，某處的微小擾動可能導致別處的巨大變化；一隻蝴蝶在東京拍拍翅膀，可能會讓紐約中央公園下大雨（圖4.3）。問題是，這一連串的事件是不可重複的。下次那隻蝴蝶再拍拍翅膀，一大堆影響氣象的因素都會和這次不同。氣象預報那麼不可靠，這就是真正的原因。

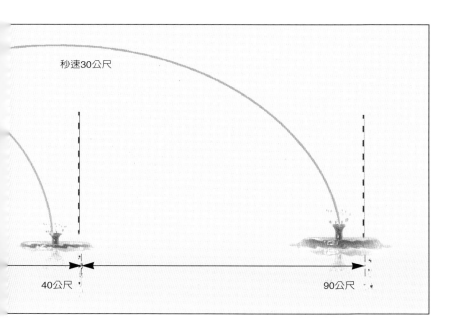

秒速30公尺

40公尺

90公尺

　　因此，雖然根據「量子電動力學」各個定律，原則上我
們能算出化學與生物學的一切知識，可是目前為止，利用數
學方程式預測人類行為的努力，卻還沒有多麼了不起的成
果。話說回來，雖然有這些實際上的困
難，大多數科學家還是樂於相信：原則
上，未來是可以預測的。

　　乍看之下，命定性似乎也受到測不準原
理的威脅。因為根據測不準原理，我們無法
同時準確測量一個粒子的位置與速度。我們
測得的位置愈準確，測得的速度就愈不準，反之亦然。根據
拉普拉斯版本的科學型命定性，假如我們同時知道一組粒子
的位置與速度，就能決定它們在過去或未來任何時刻的位置
與速度。可是，既然測不準原理不讓我們同時準確得知某一
刻的位置與速度，我們又如何能邁開第一步呢？無論我們的
電腦有多強，倘若輸入的資料不可靠，作出的預測就一定不
可靠。

輸入

輸出

非常集中的位置機率分布

Δx

位置

上圖對應的速度機率分布

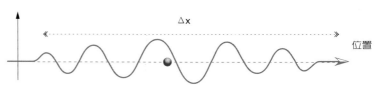

Δv

速度

波浪狀的位置機率分布

Δx

位置

上圖對應的速度機率分布

Δv

速度

（圖4.4）
粒子的位置機率分布和速度機率分布皆由波函數決定，其中Δx和Δv一定符合測不準原理。

　　然而，在一個稱爲「量子力學」的新理論中，命定性包容了測不準原理，以修正的形式重新出現。簡單地說，拉普拉斯古典觀點所期望做到的預測，你在量子力學中可以準確做到一半。在量子力學中，任何粒子都沒有明確定義的位置或速度，但它的狀態可用所謂的「波函數」來代表（圖4.4）。

　　波函數在每個空間點有一個特定值，間接對應於粒子在此處出現的機率。波函數在空間上的變化率，則對應於粒子可能擁有的各種速度。有些波函數集中於空間中某個特定點，形成一個尖銳的波峰。在這種情形下，粒子的位置只有很小的不準度。可是從圖解中我們看得出來，這個波函數在波峰附近有劇烈變化，一側上升一側下降。這代表速度的機

$$i\hbar \frac{d}{dt}\Psi(\vec{x},t) = H\Psi(\vec{x},t)$$

率分布分散在很大的範圍上，換句話說，速度的不準度很
大。另一方面，讓我們考慮一個連續波串。在這種情況下，
位置的不準度很大，但速度的不準度很小。因此，倘若利用
波函數來描述粒子，就無法定義明確的位置或速度，而這剛
好符合測不準原理。我們現在瞭解到，只有波函數才是唯一
能夠明確定義的。我們甚至不能假設粒子原本具有明確的位
置與速度——只不過被上帝隱藏起來。這類「隱變數」理論
所預測的結果，並不符合實驗的觀測。即使是上帝，也受制
於測不準原理，無法準確知曉位置與速度。祂唯一能夠知道
的，就只有波函數而已。

　　波函數隨著時間的變化率，由所謂的「薛丁格方程式」
來決定（圖4.5）。假如我們知道波函數在某一時刻的值，就

（圖4.5）**薛丁格方程式**
波函數 Ψ 在時間上的演化由
哈密頓算符H決定，H與物理
系統的能量有密切關係。

107

（圖4.6）
在狹義相對論的平坦時空中，以不同速率運動的觀測者會度量到不同的時間。但在薛丁格方程式中，可用其中任何一種時間來預測波函數的未來。

能用薛丁格方程式計算它在任何時刻的值，過去或未來皆可。因此，量子理論仍具有命定性，只是規模縮小了。我們再也不能同時預測位置與速度，只能預測波函數而已。而根據波函數，我們雖然能夠預測位置或速度，卻不能同時準確預測兩者。因此在量子理論中，精確預測的能力剛好是拉普拉斯古典宇宙觀的一半。雖然如此，在這個局限的意義下，我們仍能聲稱命定性的存在。

然而，利用薛丁格方程式來決定波函數的演化（亦即預測未來時刻的波函數）隱含了時間隨時隨地平滑流動的假設。在牛頓物理學中，這當然是正確的。牛頓假設時間是絕對的，也就是說，宇宙歷史中各個事件都貼上一個叫「時間」的數字，而這一連串的時間標籤，則從無限久遠的過去平滑延伸到無限久遠的未來。這可以稱為直覺的時間觀，是大多數人、甚至大多數物理學家內心對時間的看法。然而我們已經知道，一九〇五年狹義相對論推翻了絕對時間的概念。時間不再是個獨立的物理量，而是時空這個「四維連續體」的一個維度而已。在狹義相對論中，不同的觀測者在時空中以

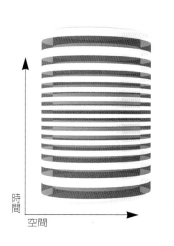

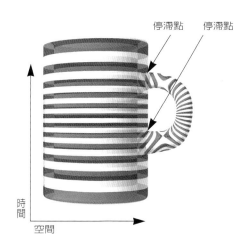

停滯點　停滯點

時間

空間

時間

空間

不同的速度沿著不同的路徑前進；而在自己的路徑上，每個
觀測者都有自己測得的時間。對於事件之間的時間間隔，不
同的觀測者會測得不同的長度（圖4.6）。

　　因此在狹義相對論中，並沒有唯一的、絕對的時間可以
充當事件的標籤。然而，狹義相對論的時空是平坦的。這就
意味著在狹義相對論中，不受外力的觀測者所測得的時間在
時空中一律平穩增加，從無限久以前的「負無限大」直到無
限久以後的「正無限大」。在薛丁格方程式中，我們可用上
述時間的任何一個來決定波函數的演化。結論是，在狹義相
對論中，我們仍然保有量子版的命定性。

　　廣義相對論的情況卻很不同，其中的時空不再平坦，而
是被物質與能量扭曲。在我們的太陽系中，時空的曲率非常
微小（至少就巨觀尺度而言），不會干擾到我們對時間的直
覺。在這種情況下，我們仍能在薛丁格方程式中使用這個時
間，來得到波函數的命定性演化。然而我們一旦允許時空彎
曲，就出現了其他可能：或許存在某個時空結構，並不允許
時間對每個觀測者都平穩增加，因而顛覆了我們對時間測量

（圖4.7）**時間停滯**
手把和圓筒的兩個交接處，必定是
時間的停滯點──時間靜止的點。
在這兩個停滯點上，時間不會沿著
任何方向增加。因此，這時我們無
法用薛丁格方程式預測波函數的未
來。

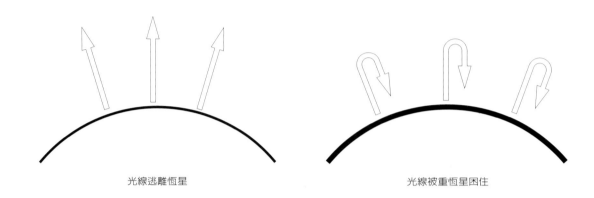

光線逃離恆星　　　　　　　　　　光線被重恆星困住

（圖4.9）

（圖4.8）

的直觀預期。比方說，假如時空像個垂直的圓筒（參見第109頁，圖4.7）。

這個圓筒的高度對應於時間，對每一個觀測者而言，它都從負無限大逐漸增加到正無限大。然而，請想像倘若「圓筒時空」多出了一個手把（或稱為「蛀孔」），這個手把在某處分支出去，然後再和圓筒重新接合。這樣一來，在手把與圓筒的交接處，任何時間測量勢必碰到停滯點：時間靜止的點。因此在這些停滯點上，不會有任何觀測者看到時間正在增加。在這樣的時空中，我們就不能用薛丁格方程式算出波函數的命定性演化。小心蛀孔，你永遠不知道裡面會跑出什麼來。

由於黑洞的存在，我們敢說時間並非對所有的觀測者都一直在增加。一七八三年，一位劍橋學者米契爾最先討論黑洞的可能性。他說：假如你垂直發射一枚砲彈，由於重力作用，砲彈向上的速度會愈來愈慢，最後會停止上升而開始墜落（圖4.8）。然而，假如上升的初速大於一個稱為「脫離速度」的臨界值，重力就無法令砲彈停止，最後砲彈一定會飛

施瓦氏黑洞

1916年，德國天文學家施瓦氏爲愛因斯坦方程式找到一個解，可以代表一個球形黑洞。施瓦氏的這項發現，揭示了廣義相對論的一項驚人預測：假如恆星的質量集中在一個夠小的區域內，恆星表面的重力場就會強到連光線都無法逃脫。這就是我們現在所說的黑洞，它是由「事件視界」所包圍的時空區域，其中沒有任何東西可能抵達遠方的觀測者，就連光線也不例外。

有很長一段時間，包括愛因斯坦在內的物理學家，對於真實宇宙是否真有這麼極端的物質組態，大多抱持著懷疑的態度。然而我們現在瞭解到，任何足夠重的無自轉恆星，無論其形狀或內部結構多麼複雜，一旦核燃料用光了，就一定會塌縮成完美球形的施瓦氏黑洞。這種黑洞的事件視界半徑(R)僅由它的質量決定，公式如下：

$$R = \frac{2GM}{c^2}$$

其中c代表光速，G代表牛頓重力常數，M代表黑洞的質量。舉例來說，一個質量等於太陽的黑洞，半徑只有三公里而已！

走。地球表面的脫離速度每秒約十一公里，太陽表面的脫離速度則是大約每秒六百一十八公里。

與砲彈的實際速度相比，這兩個脫離速度都太高；可是它們與光速相比又太低，因爲光速約等於每秒三十萬公里。所以說，光線可以毫無困難地脫離地球或太陽。然而米契爾說，太空中可能有比太陽重很多的恆星，它們的脫離速度可能大於光速（圖4.9）。我們無法看到這些恆星，因爲它們發出的光線都會被自己的重力拉回去。它們是米契爾所謂的「暗恆星」，我們現在則稱之爲「黑洞」。

米契爾「暗恆星」的理論基礎是牛頓物理，其中時間是絕對的，而且不受任何干擾。因此在牛頓的古典物理圖像中，這種星體並不會影響我們預測未來的能力。可是在廣義相對論中，大質量的物體會令時空彎曲，情形因而變得非常不同。

一九一六年，廣義相對論剛剛發表，施瓦氏便爲廣義相對論方程式找到一個解（不久，他就病死在一次世界大戰的俄國前線），而這個解可以代表黑洞。有許多年的時間，世

（圖4.10）
似星體3C273是第一個被發現的似
星電波源，它在小小區域內產生巨
大的能量。這麼高的光度是怎麼產
生的，似乎只有物質掉落黑洞可以
解釋。

惠勒

惠勒1911年生於佛羅里達州的傑克遜維。1933年，他在約翰霍普金斯大學拿到博士學位，論文題目是氦原子對光的散射。1938年，他和丹麥物理學家波耳合作發展出核分裂理論。之後有一段時間，惠勒和他的研究生費因曼全力研究電動力學。但在美國參加二次世界大戰後，師生兩人隨即一起加入曼哈坦計畫。

歐本海默1939年對重恆星之重力塌縮所做的研究，在1950年代早期啓發了惠勒，於是惠勒將注意力轉移到愛因斯坦的廣義相對論。當時，大多數物理學家忙著研究核物理，並不覺得廣義相對論和真實世界真有什麼關係。然而，藉著自己的研究成果，以及在普林斯頓大學首度開設的相對論課程，惠勒幾乎獨力扭轉乾坤。

1969年，他將物質的塌縮態命名為「黑洞」，當時還沒有幾個人相信它真正存在。而在以斯列的研究結果啓示下，他猜想黑洞沒有任何毛髮，這意味著任何無自旋重恆星的塌縮態都能用「施瓦氏解」來描述。

人都不瞭解施瓦氏這項發現，更遑論體認其重要性。愛因斯坦自己就從不相信黑洞，而在廣義相對論的圈子，大多數守舊派也堅持這個立場。記得我曾在巴黎做過一場學術演講，主題是我自己的發現：根據量子理論，黑洞不會是完全黑暗的。結果聽眾反應平平，因為在那個時候，巴黎幾乎無人相信黑洞的存在。法國人還覺得「黑洞」是個具有性暗示的曖昧名詞，應該改為「隱形恆星」才好。然而，沒有任何代用品能像「黑洞」這樣吸引大眾的想像力。「黑洞」這個名詞的發明人是美國物理學家惠勒，他也是近代黑洞研究的奠基者。

　　一九六三年，似星體的發現帶動一股研究黑洞理論的熱潮，於是有人開始試圖觀測黑洞（圖4.10）。黑洞的出現大致是這樣的：假如有一顆恆星，質量原本是太陽的二十倍，當初是由類似「獵戶座星雲」的雲氣所形成（圖4.11）。這團雲氣因自身的重力而逐漸收縮、逐漸變熱，最後熱到足以啟動核融合反應，將氫轉變成氦。這個過程產生的熱製造出一股壓力，讓恆星得以抗衡自身的重力，因而停止繼續收縮。恆星會在這種狀態維持很長一段時間，不斷將氫轉成氦，並將光線輻射到太空中。

　　這顆恆星射出的光線，其路徑會受到恆星重力場的影響。我們可以畫個圖解，其中垂直座標是時間，水平座標則是與恆星中心的距離（參見第114頁，圖4.12）。在這個圖解中，恆星表面畫成兩條垂直線，分別代表恆星左右兩側。我們可以用秒當時間單位，用「光秒」（光線一秒內所走的距離）當距離單位。在這組單位下，光速剛好等於一，因為光線每秒走一「光秒」。這就代表在遠離這顆恆星與其重力場

（圖4.11）
獵戶座星雲的氣體塵埃雲裡面孕育著恆星。

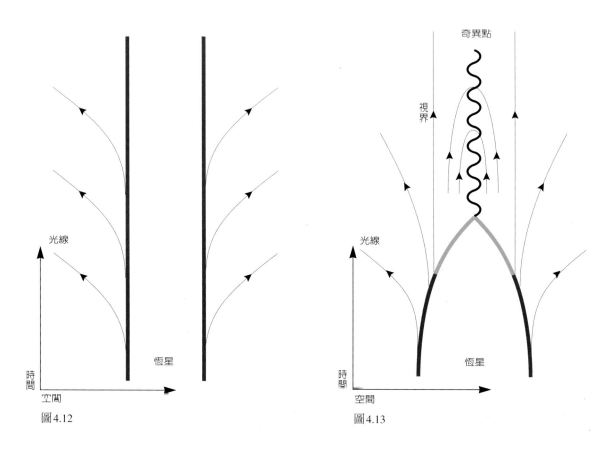

圖4.12

圖4.13

（圖4.12）未塌縮的恆星周圍的時空：光線能夠逃離恆星表面（即圖中那兩條垂直紅線）。在離恆星很遠的地方，光線和垂直線成45度；可是在恆星附近，恆星質量所導致的時空彎曲使光線和垂直線夾角變小。

（圖4.13）假如恆星最後塌縮了（兩條紅線最後相交了），那麼由於時空曲率太大，會令恆星附近的光線調轉向內。這就形成黑洞，亦即連光線也逃不掉的一個時空區域。

之處，光線路徑是一條與垂直線成四十五度的斜線。然而在接近恆星處，恆星質量產生的時空曲率會令光線路徑改變，導致它們與垂直線的夾角變小。

　　與太陽相比，重恆星將氫轉成氦的速率要快得多。這代表在短短幾億年內，它們就會把氫消耗殆盡。然後，這樣的恆星便會面臨一個危機。它們可以將氦再轉成更重的元素，例如碳或氧，但這些核反應並不會釋放太多能量。因此恆星開始降溫，逐漸喪失抗衡重力的熱壓力。如此一來，它們自然愈縮愈小。假如它們此時的質量超過太陽的三倍，就不會再有足夠壓力阻止自身收縮。它們會塌縮成一個體積為零、

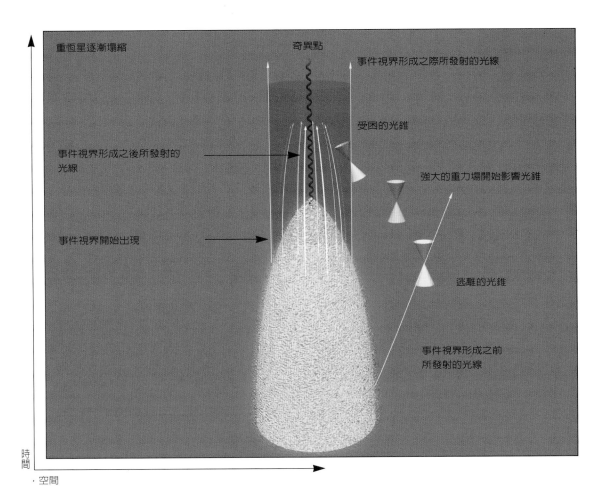

重恆星逐漸塌縮　　　　　　　　奇異點

事件視界形成之際所發射的光線

事件視界形成之後所發射的光線

受困的光錐

強大的重力場開始影響光錐

事件視界開始出現

逃離的光錐

事件視界形成之前所發射的光線

時間

．空間

密度無限大的所謂「奇異點」（圖4.13）。而在上述「時間／中心距離」圖解中，隨著恆星的縮小，恆星射出的光線與垂直線的夾角會愈來愈小。當恆星達到某個臨界半徑之際，圖解中的光線路徑會變得垂直，代表光線會滯留在固定距離處，永遠飛不走。光線的這個臨界路徑會掃出一個稱為「事件視界」的曲面，它根據光線能否逃離，將時空劃分成兩個區域。由於時空的曲率，恆星射出的光線達到事件視界後便會折返。這個恆星就變成了米契爾所謂的「暗恆星」，也就是我們現在說的黑洞。

　　既然連光線都跑不出來，你又如何能偵測黑洞呢？答案

黑洞的外緣稱爲（事件）視界，由那些剛好無法逃離黑洞的光線組成。這些光線滯留原處，和黑洞中心保持固定距離。

115

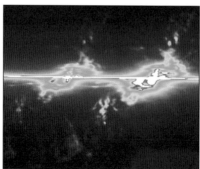

（圖4.15）星系中心的黑洞

左：「廣視野行星照相機」所拍攝的NGC4151星系

中：橫跨影像的水平線，是位於NGC4151中心的黑洞所產生的光線。

右：本圖顯示氧原子發射的速度。這些證據在在顯示，NGC4151擁有一個質量約為太陽一億倍的黑洞。

（圖4.14）

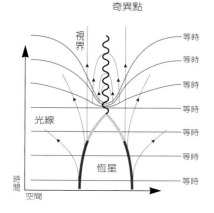

（每條藍線都是一條等時線）

是，由於重力的作用，黑洞仍然會吸引鄰近的天體，就像尚未塌縮時一樣。假使太陽變成一個黑洞，而質量卻保持不變，那麼九大行星仍將繞著它運行，和現在一模一樣。

因此尋找黑洞的方法之一，就是尋找一些似乎環繞著隱形重型天體的物質。這樣的組合目前已經找到不少，而最令人驚訝的一種，或許就是星系中心與似星體中心的巨型黑洞（圖4.15）。

目前為止所討論的黑洞性質，尚未對命定性構成嚴重的威脅。對一名掉進黑洞、撞到奇異點的太空人而言，他自己的時間將會終止。然而在廣義相對論中，你在不同地點大可使用不同速率來測量時間。所以說，在太空人趨近奇異點的過程中，你可以讓他的手錶加速，好讓這支錶仍然跑出無限長的時間。而在「時間／距離」圖解中，這個新時間的「等時面」在中心處會通通擠在一起，擠在奇異點剛剛出現之處。可是，和遠方近乎平坦的時空中測得的普通時間相比，這個新時間並沒有任何矛盾（圖4.14）。

在薛丁格方程式中，我們可以採用這個新時間；只要知道波函數的初值，我們便能計算其後的演化。因此，我們仍然保有命定性。然而值得注意的是，在後來的時間中，有一部分波函數會跑到黑洞裡面，外面的人不可能觀測到。所以說，觀測者只要沒有掉進黑洞，就不能利用薛丁格方程式來

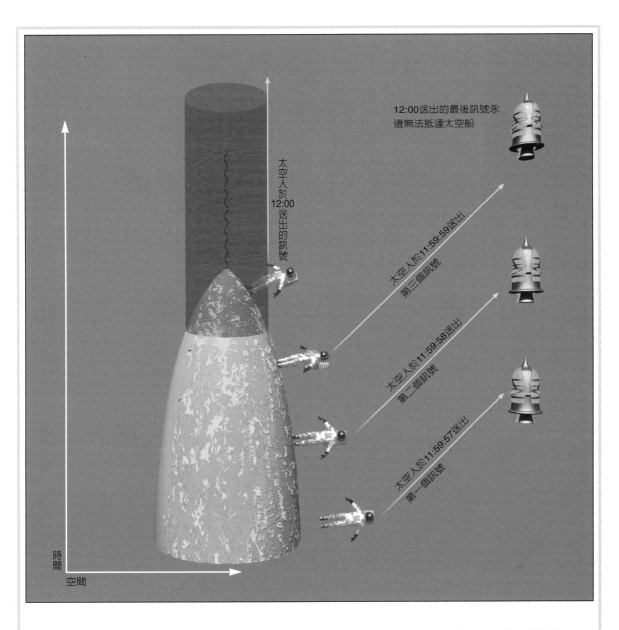

上圖顯示太空人於11:59:57登陸正在塌縮的恆星，並隨著恆星的收縮進入臨界半徑內。他以固定的時間間隔，用手錶向軌道上的太空船發射訊號。等到進入臨界半徑內，由於重量太強，他的訊號便無法再送出去。

倘若從遠方觀測一顆恆星，你永遠不會看到它跨過事件視界而進入黑洞。看起來，那顆恆星永遠徘徊在臨界半徑邊緣，而恆星表面的鐘錶則愈走愈慢，最後終於停止。

無毛的結果

黑洞溫度

黑洞會像個溫度為T的物體般放出輻射,而T只和黑洞的質量有關。更精確地說,這個溫度由下列公式決定:

$$T = \frac{\hbar c^3}{8\pi\, k\, G\, M}$$

其中c代表光速,ℏ代表蒲郎克常數,G代表牛頓重力常數,k代表波茲曼常數。至於M,則是代表黑洞的質量,因此黑洞愈小溫度愈高。這個公式告訴我們,倘若一個黑洞具有幾個太陽的質量,它的溫度僅僅超過「絕對零度」大約億分之一度。

計算之前的波函數。想要「倒轉」薛丁格方程式,他需要知道進入黑洞的那一部分波函數。而這一部分波函數所代表的,是曾經有哪些東西掉進黑洞。這有可能是非常大量的資訊,因為具有某一質量與轉速的黑洞,可由眾多不同種類的粒子組成。而黑洞就是黑洞,與其原料的本質無關。這個結果,惠勒戲稱為「黑洞無毛」。對法國人而言,這句話剛好加深他們的疑慮。

當我發現黑洞並非全黑的時候,命定性便真正出現了問題。如第二章提到的,量子理論指出即使在所謂的「真空」中,任何場也都不可能剛好等於零。否則的話,場的值(或說位置)會剛好是零,而且變化率(或說速度)也會剛好是零。這就會違背測不準原理——位置與速度不能同時明確定義。因此之故,任何場都一定要有些所謂的「真空起伏」(正如第二章中的單擺必須具有零點起伏)。真空起伏共有好幾種解釋,雖然表面上看來不同,其實在數學上是等價的。就實證主義觀點而言,不同的問題可以選取不同的解釋,以便呈現最適合的物理圖像。在此,我們最好將真空起伏想像成:一對「虛粒子」在某個時空點成對出現,先是各走各的,然後再復合並互相毀滅。此處的「虛」代表這些粒子不能直接觀測,但是可以測量它們的間接效應。事實上,這些測量值與理論預測極為符合(圖4.16)。

假如那對粒子在黑洞附近,其中一個就有可能掉進黑洞,而讓另一個逃到無限遠處(圖4.17)。對於距離黑洞很遠的觀測者,那些逃離的粒子就像是從黑洞輻射出來的。就輻射譜而言,黑洞與有溫度的物體完全一樣;而黑洞所對應的溫度,則正比於黑洞視界(即黑洞邊界)的重力場強度。換句話說,黑洞的溫度取決於它的大小。

黑洞若有太陽的幾倍重,它的溫度大約只比絕對零度高出億分之一度,而更大的黑洞溫度甚至更低。因此,這類黑

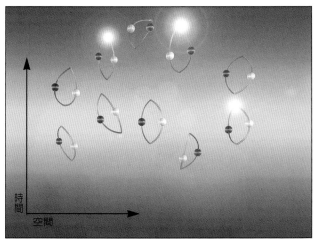

（圖4.17，上圖）

在黑洞的事件視界附近，虛粒子成對
出現又成對毀滅。

倘若一對虛粒子其中之一掉進黑洞，
而另一個逃到遠方，則從事件視界外
面看來，彷彿是黑洞將那個脫逃粒子
射出來的。

（圖4.16，左圖）

在眞空中，一對對的粒子憑空出現，
存在短暫的時間，然後又互相毀滅。

觀測者永遠看不到的事件　　　　　觀測者永遠看不到的事件

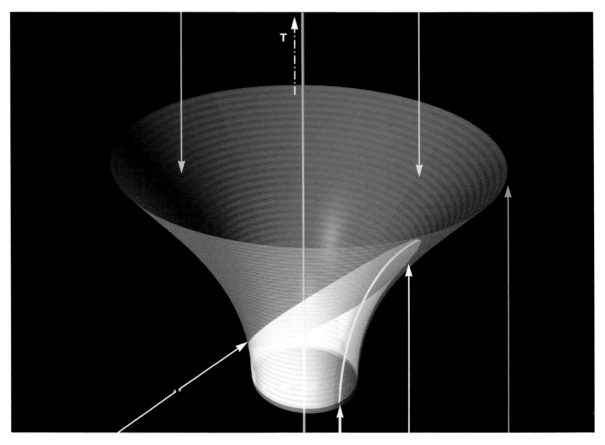

觀測者的事件視界　　　　　觀測者的歷史　　觀測者的事件視界　　　　等時面

（圖4.18）
廣義相對論的場方程式有個稱爲
「德西特解」的精確解，代表一個
以暴脹方式擴張的宇宙。上圖中，
時間沿著垂直方向增加，宇宙的大
小則以水平方向表現。由於空間距
離增加得太快，遙遠星系的光線始
終未曾抵達我們。因此對我們而
言，有個類似黑洞的事件視界，將
我們和無法觀測的區域隔開。

洞所發出的量子輻射，一律會被大霹靂所留下的2.7度輻射
（即第二章所討論的宇宙背景輻射）完全淹沒。至於小得
多、熱得多的黑洞，我們確有可能偵測到它們的輻射，不過
它們似乎爲數不多。真是可惜，因爲只要發現一個，我就會
贏得諾貝爾獎。然而，我們已經爲這個輻射找到間接觀測證
據，而這個證據來自早期宇宙。如第三章所說，我們認爲宇
宙在非常早期經歷過一個暴脹期，當時它的擴張率不斷增
加。由於這段期間宇宙擴張太快，有些物質因此距離我們太

遠，以致光線一直無法傳到我們這裡。換言之，那些光線朝我們射過來的時候，宇宙卻擴張得太多了。因此宇宙中有一個類似黑洞視界的視界，它將宇宙劃分為兩大區域，其中之一的光線能到達我們這裡，另一個則永遠不能（圖4.18）。

　　利用非常類似的論證，就能說明這個視界和黑洞視界一樣，也會產生熱輻射。在研究熱輻射的時候，我們學到密度起伏會導致一個特徵譜。而在這裡，這些密度起伏會隨著宇宙而擴張。當它們的尺度超過宇宙視界大小之後，它們就會固定下來，因此我們今天能觀測到它們的蹤跡——早期宇宙留下的背景輻射在溫度上的微小變化。這些溫度變化的觀測值，與熱輻射的理論預測值極為符合。

　　即使黑洞輻射的觀測證據有點間接，研究過這個問題的物理學家卻都同意，這個現象一定會發生，否則其他通過觀測驗證的理論也有問題。對命定性而言，這隱含著重大的危機。黑洞發出的輻射會帶走能量，代表黑洞一定會損失質量，因而逐漸變小。這個結論又意味著它的溫度會升高，輻射率則隨之增加。最後，黑洞的質量會變成零。我們不知道如何計算此時會發生什麼事，不過唯一自然的、合理的結果，似乎是這個黑洞會完全消失。所以說，黑洞裡的那一部分波函數（它代表的資訊是哪些東西掉進黑洞）到時候會怎麼樣？直覺性的猜測，或許是這部分波函數（以及它所攜帶的資訊）會在黑洞消失之際重新出現。然而，天下沒有白來的資訊，你收到電話帳單時就能瞭解。

　　資訊需要能量來承載，但在黑洞的最後階段，剩下的能量已經非常少。若說黑洞內的資訊能跑出來，唯一可行的方式是隨著輻射連續釋出，而不是等待這個最後階段。然而，根據我們採用的物理圖像（一對虛粒子其中之一掉進

（圖4.19）
熱輻射從黑洞視界帶走的正能量會
令黑洞損失質量。隨著質量的流
失，黑洞的溫度逐漸升高，輻射率
隨之增加，因此質量的流失愈來愈
快。至於黑洞變得非常小之後會發
生什麼事，目前我們還不知道。但
是最可能的結果，似乎是黑洞會完
全消失。

黑洞，另一個逃到遠方），逃脫的粒子應該不會和掉落的粒
子有任何關聯，或是攜帶後者的任何資訊。因此唯一的答案
似乎是：黑洞內那一部分波函數所對應的資訊失蹤了（圖
4.19）。

這種資訊失蹤現象對命定性會有重大衝擊。首先我們注
意到，即使知道黑洞消失後的波函數，你也無法「倒轉」薛
丁格方程式來計算黑洞形成之前的波函數。因為那個較早的
波函數，部分取決於消失在黑洞中的那一部分波函數。我們
通常認為能夠精確掌握過去，然而，假如資訊在黑洞中失
蹤，就不是這麼回事了──任何事都可能發生過。

話說回來，一般而言，無論是占星術士或是他們的顧

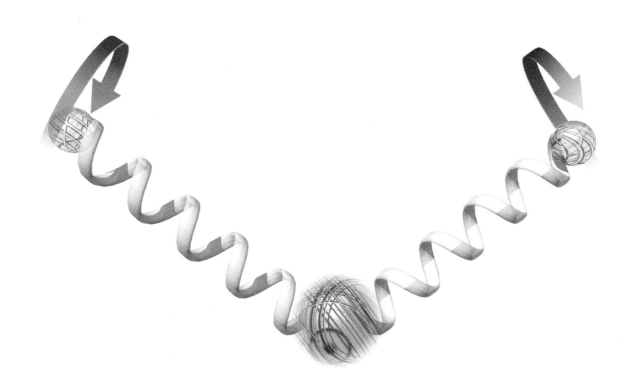

客，較感興趣的都是預測未來，而並非推算過去。乍看之下，一部分波函數消失在黑洞中這件事，似乎不會阻止我們預測黑洞外面的波函數。事實卻是，這樣的預測的確會因此受到影響。這一點，我們只要考慮一九三○年代由愛因斯坦、波多斯基、羅森三人提出的想像實驗，就能夠看出些端倪。

想像一個放射性原子因衰變而射出兩個粒子，兩者具有相反的自旋，並朝相反方向飛去。單單望著其中一個粒子的觀測者，無法預測它的自旋是向上或向下。但這名觀測者若測量到它的自旋向上，就能準確預測另一個粒子的自旋向下，反之亦然（圖4.20）。愛因斯坦認為，這就證明量子理

（圖4.20）
在EPR想像實驗中，觀測者只要測量第一個粒子的自旋，就能知道第二個粒子的自旋。

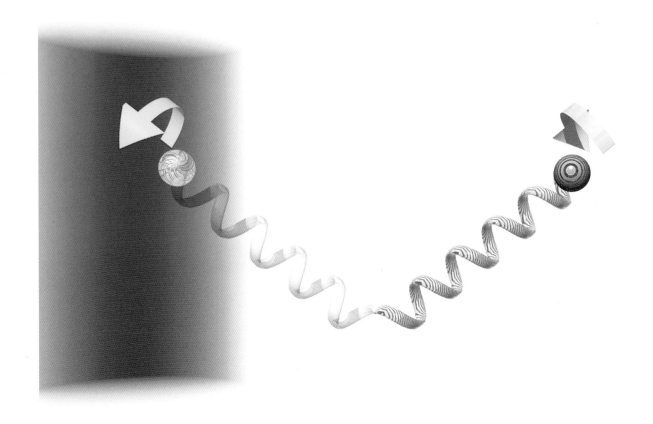

（圖4.21）
一對虛粒子所對應的波函數，一定
會預測這對粒子具有相反的自旋。
但是假如其中一個粒子掉進黑洞，
我們就不可能準確預測另一個粒子
的自旋。

論是荒謬的——另一個粒子現在或許到了銀河系另一端，你
卻能在瞬間知道它的自旋方向。然而，大多數科學家一致同
意，是愛因斯坦自己沒搞清楚，而不是量子力學有問題。這
個所謂的「EPR想像實驗」並未證明你能送出超光速資訊，
否則才是真正的荒謬。你不能控制自己這端的粒子具有向上
的自旋，所以無法指示遠端的粒子具有向下的自旋。

事實上，黑洞輻射過程和這個想像實驗不謀而合。虛粒
子對所擁有的波函數，預測這兩個粒子絕對具有相反的自旋
（圖4.21）。我們所希望做到的，是預測那個飛離粒子的自旋
與波函數。只要我們能夠觀測掉進黑洞的那個粒子，便能進

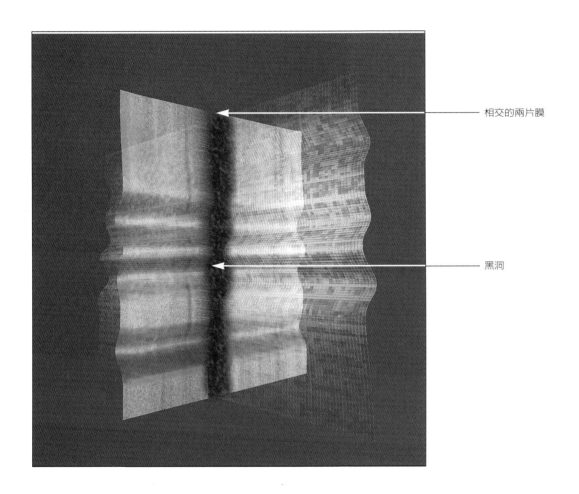

相交的兩片膜

黑洞

行這項預測。可是現在這個粒子在黑洞裡,它的自旋與波函數根本無法測量。基於這個緣故,飛離粒子的自旋或波函數也就不可能預測;它並沒有唯一的自旋或波函數,而是有兩種自旋、兩種波函數供它選擇,兩者分別對應不同的機率。因此,我們預測未來的能力似乎又打了一次折扣。拉普拉斯的古典觀點(我們可以同時預測粒子的位置與速度),一旦碰到測不準原理(不可能同時準確測量位置與速度)就必須修正。然而,我們仍然能夠測量波函數,並利用薛丁格方程式預測未來會發生些什麼。結果我們得以準確預測位置與速度的一個組合——根據拉普拉斯的觀點,這是預測能力只剩

(圖4.22)
黑洞可視為在時空額外維度中兩片 p 維膜的交痕,有關黑洞內在態的資訊則儲存成 p 維膜上的波。

125

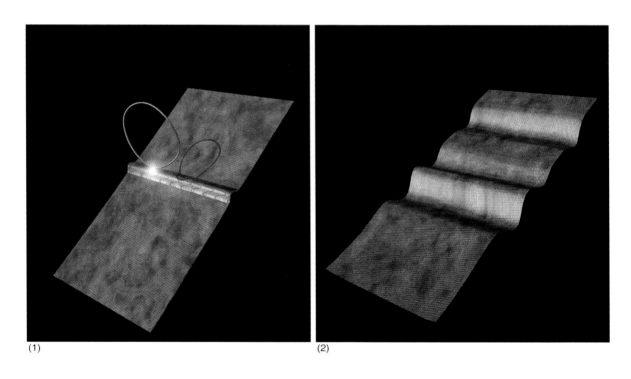

(1)   (2)

（圖 4.23）
粒子掉進黑洞的過程，可視爲閉弦撞擊一片 p 維膜，（1）閉弦會在 p 維膜上激起波動；（2）波動可能聚在一起，導致 p 維膜部分剝離，形成一個新的閉弦；（3）這就等於黑洞發射一個粒子。

下一半。就虛粒子對而言，我們能夠準確預測兩個粒子具有相反自旋，但是倘若其中一個粒子掉進黑洞，我們就無法對另一個做出任何準確預測。這就代表對於黑洞外的任何測量，我們都無法做出準確預測——我們做出明確預測的能力縮減到零。所以說，或許就預測未來而言，科學定律並不比占星術強多少。

許多物理學家不喜歡命定性如此縮減，因此主張黑洞內部的資訊有辦法跑出來。曾有許多年，他們只是一心希望能夠找到拯救這些資訊的方法。可是在一九九六年，斯楚明與瓦法兩人得到突破性進展。在他們的理論中，將黑洞視爲由許多基本建材組成的結構，這些建材稱爲 p 維膜。

前面曾經提到，我們可將 p 維膜想像成在十維空間中遊走，這十維中有三維是普通空間，還有七維是我們察覺不到的（參見第125頁，圖4.22）。在某些情況下，我們可以證

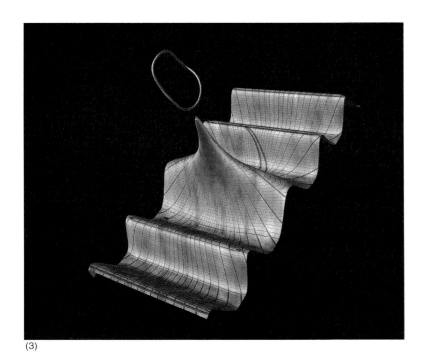

(3)

明：p維膜上波動的數目，等於黑洞應該包含的資訊量。假
如有些粒子撞擊p維膜，就會在膜上激起更多的波動。同
理，假如p維膜上沿不同方向運動的波相聚在某一點，就能
產生一個很高的波峰，令p維膜的一部分脫離，像個粒子一
樣飛走。因此，p維膜能像黑洞一樣吸收與發射粒子（圖
4.23）。

　　我們可將p維膜視爲一個等效理論；換句話說，雖然我
們毋須相信眞有什麼膜在平坦時空中遊走，黑洞卻表現得彷
彿眞是這些膜構成的。舉例而言，水由無數H_2O分子組成，
互相之間充滿複雜的交互作用，可是平滑流體卻是它非常好
的等效模型。利用p維膜所建造的黑洞數學模型，可導出類
似「虛粒子對圖像」的結果。因此就實證主義觀點而言，至
少對某些類的黑洞，它也是一個很好的模型。對這些類黑洞
而言，「p維膜模型」預測的粒子發射率和「虛粒子對模型」

預測的完全一樣。然而，這兩者間有個重大差異：在p維膜模
型中，掉進黑洞的資訊會儲存在「p維膜波」的波函數內。p
維膜被視為平坦時空中的物件，因此之故，時間會平滑地向
前流，光線路徑不會彎曲，波中的資訊也不會失蹤。那些資
訊伴著p維膜的輻射，最後終將自黑洞中重現。因此根據p維
膜模型，我們可用薛丁格方程式來計算之後的波函數。如此
任何東西都不會消失，時間會平滑流動；在量子層次上，我
們仍會有完整的命定性。

　　這兩個圖像哪個正確呢？是有一部分波函數消失在黑洞
中？或是如p維膜模型所言，所有的資訊都將重現？對今日的
理論物理學界而言，這是個有待解決的大問題。近來的研究
結果，令許多人相信那些資訊並未消失；宇宙仍是可預測
的，不必擔心會發生意料之外的事。可是，這點仍然有待釐
清。假如我們誠心接受愛因斯坦的廣義相對論，就必須允許
時空可能打結，而資訊在皺摺處消失。當企業號星艦穿過蛀
孔的時候，的確發生過意料不到的事。我知道，因為當時我
在艦上，正在和牛頓、愛因斯坦及Data玩撲克牌。我大為驚
奇，看看我旁邊出現什麼人。

預 測 未 來

第五章
保衛過去

時光旅行有可能嗎？
我們能否回到過去改變歷史？

Whereas Stephen W. Hawking (having lost a previous bet on this subject by not demanding genericity) still firmly believes that naked singularities are an anathema and should be prohibited by the laws of classical physics,

And whereas John Preskill and Kip Thorne (having won the previous bet) still regard naked singularities as quantum gravitational objects that might exist, unclothed by horizons, for all the Universe to see,

Therefore Hawking offers, and Preskill/Thorne accept, a wager that

When any form of classical matter or field that is incapable of becoming singular in flat spacetime is coupled to general relativity via the classical Einstein equations, then

A dynamical evolution from generic initial conditions (*i.e., from an open set of initial data*) can never produce a naked singularity (*a past-incomplete null geodesic from $\mathcal{I}_+$*).

The loser will reward the winner with clothing to cover the winner's nakedness. The clothing is to be embroidered with a suitable, truly concessionary message.

Stephen W. Hawking   John P. Preskill & Kip S. Thorne

Pasadena, California, 5 February 1997

(1)
霍金於1997年2月6日進
入蛀孔

(2)
未來某時刻，某人證
明「一般性初始條件」
下的動力演化絕不能
製造一個裸奇異點。

(3)
霍金於1997年2月
5日打賭裸奇異點
絕不存在

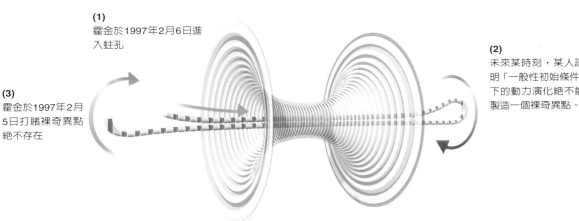

　　我的朋友兼同行索恩（我跟他打過好幾個賭，參見前頁）
是個特立獨行的物理學家，從不人云亦云。因此他才有這個
勇氣，成爲第一個認眞探討時光旅行的科學家。

　　公開鑽研時光旅行是個敏感的舉動。這樣做冒著雙重危
險：一是招致強烈抗議，指控你把公帑浪費在如此荒謬的事
情上；二是引來政府干預，要求轉型成祕密軍事研究。畢
竟，假使敵人擁有時光機，我們又如何能保護自己？他們可
能改變歷史，以便統治整個世界。在物理學界，只有我們少
數幾個有這種愚勇，竟然研究一項如此違反「政治正確性」
的題目。爲了掩蓋這個事實，我們一律使用時光旅行的專業
術語。

索恩

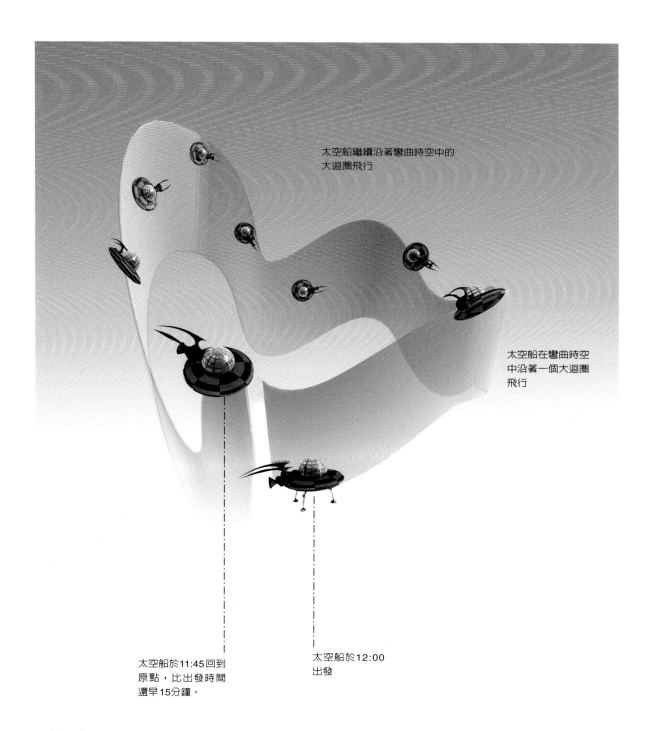

太空船繼續沿著彎曲時空中的
大迴圈飛行

太空船在彎曲時空
中沿著一個大迴圈
飛行

太空船於11:45回到
原點,比出發時間
還早15分鐘。

太空船於12:00
出發

(圖5.1)

　　近代科學家討論時光旅行，全部是根據愛因斯坦的廣義相對論。我們在前幾章已經看到，愛因斯坦方程式描述宇宙中的物質與能量如何令時空彎曲，而讓時間與空間成為參與物理作用的主體。在廣義相對論中，你的手錶所測得的個人時間會一直增加，這點無異於牛頓理論或研究平坦時空的狹義相對論。可是現在我們知道，時空有可能彎曲得太厲害，而讓你在搭乘太空船升空後，於出發之前回到原地（圖5.1）。

　　假如蛀孔存在的話，就有可能發生這種事。我們在第四章提到過蛀孔，它是連接不同時間或空間的管狀時空。只要你駕駛太空船進入蛀孔的開口，再從彼端開口鑽出來，就會抵達另一個時間與另一個空間（參見第136頁，圖5.2）。

　　假使真有這種蛀孔，便能解決太空旅行速度極限的問

題：根據相對論，太空船的速度一定低於光速，因此你要花上幾萬年才能橫越銀河系。可是經由蛀孔，你能迅速來到銀河系另一頭，或許還來得及回家吃晚餐。然而我們可以證明，假如蛀孔真正存在，你也能利用它回到出發前的時刻。所以或許你會想到，這時你可以把準備升空的火箭炸毀，以阻止自己進行蛀孔之旅。這類互相矛盾的問題，統稱為「祖父弔詭」：假使你回到過去，在令尊出生前把你的祖父殺害，那會導致什麼結果呢？（參見第138頁，圖5.3）

當然，這個弔詭成立的前提，是你相信在回到過去後，你有自由意志去做任何事情。本書不準備對自由意志做哲學

短蛀孔

12:00進入　　　　　　　　　　　　　　　　12:00出來

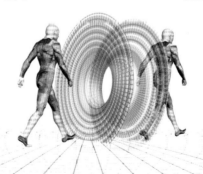

（圖5.2）**孿生子·弔詭的變型**

(1)
假如有一個兩端很接近的蛀孔，你就能在同一時間走進去並走出來。

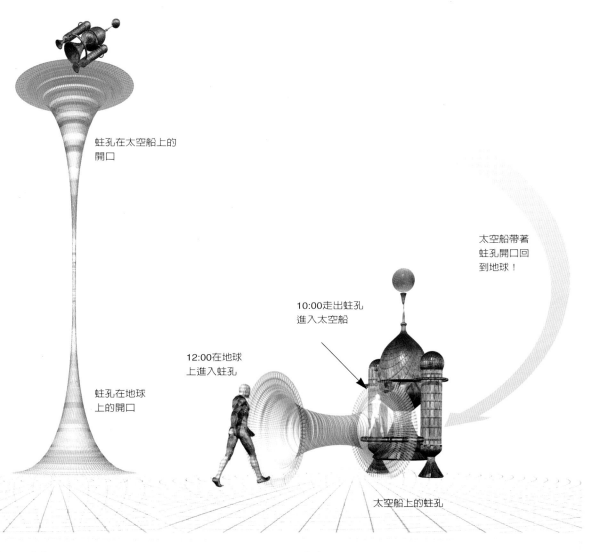

蛀孔在太空船上的
開口

太空船帶著
蛀孔開口回
到地球！

10:00走出蛀孔
進入太空船

12:00在地球
上進入蛀孔

蛀孔在地球
上的開口

太空船上的蛀孔

（2）
想像一艘太空船帶著蛀孔的一端飛到遠方，而讓另
一端留在地球上。

（3）
由於孿生子弔詭效應，太空船回來後，船上的蛀孔
開口所經歷的時間小於留在地球上的開口。這就代
表說，假如你走進留在地球上的蛀孔開口，會在較
早時刻從太空船上的開口走出來。

（圖5.3）
一顆射進蛀孔的子彈，能否回到
過去射中開槍的人？

上的討論，而將專注探討物理定律能否允許時空做足夠的彎曲，好讓太空船這樣的巨觀物體都能回到過去。根據愛因斯坦的理論，太空船必定以小於本地光速的速度，在時空中沿著一條所謂的「類時路徑」運動。因此，我們可以改用專業術語敘述這個問題：時空中可否存在一條封閉的「類時曲線」，能夠一再回到自己的起點？這樣的路徑，我稱之為「時光迴圈」。

我們可以分三個層次試著回答這個問題。第一是愛因斯坦的廣義相對論，它假設宇宙具有明確定義的歷史，沒有任何不準度。對於這個古典理論，我們掌握了相當完整的圖像。然而我們已經知道，這個理論不可能完全正確，因為我們發現物質一定具有不準度與量子起伏。

因此，我們可以改用第二個層次，也就是半古典理論，來探討時光旅行的可能性。在此，我們考慮到物質行為服從量子理論，具有不準度與量子起伏，不過時空卻是古典的、定義明確的。這個圖像比較不完整，但至少我們對如何著手有點概念。

（圖5.4）
時空中能否存在封閉的、一再回
到起點的「類時曲線」？

最後一個層次，則是全盤量子化的重力理論，也就是除
了物質之外，連時間與空間本身也有不準度與量子起伏。在
這個理論中，我們甚至不清楚能否研究時光旅行的可能性。
或許我們頂多能做到的，是探討當你置身近乎古典的時空
中、在沒有不準度的情況下，要如何詮釋你的測量結果。你
會不會認為在重力極強、量子起伏極大的區域內，曾經發生
過時光旅行？

我們首先討論古典理論：狹義相對論（其中沒有重力）
的平坦時空並不允許時光旅行，早先發現的彎曲時空也都不
允許。因此在一九四九年，當哥德爾（哥德爾定理的發明
者，參見右框）發現一個充滿旋轉物質的時空處處皆有時光
迴圈，愛因斯坦會大為震撼（圖5.4）。

愛因斯坦方程式的「哥德爾解」需要宇宙常數，可是宇
宙常數並不一定存在。不過，後來陸續發現的解則未包含宇
宙常數。其中一個特別有趣的例子，是時空中有兩條宇宙弦
以高速互相穿越。

哥德爾不完備性定理

著名的不完備性定理是對數
學本質的顛覆，由數學家哥
德爾於1931年證明出來。這
個定理是說在任何一個形式
公理體系，例如當今的數學
中，若以定義這個體系的公
理為基礎，總會有些問題是
既不能證明也無法反證的。
換句話說，哥德爾證明的確
存在無法以任何規則或步驟
解決的問題。
哥德爾定理對數學做出基本
的限制。它帶給科學界無比
的震撼，因為之前人人堅信
數學乃是個一致且完備的體
系，奠基於單一邏輯基礎之
上，如今這個信仰卻遭到推
翻。哥德爾定理、海森堡測
不準原理，以及命定性系統
也會出現混沌的現象，對科
學知識形成一組最基本的限
制。直到二十世紀，科學家
才瞭解這些限制的意義。

宇宙弦與弦理論中的弦不一樣，不過並非毫無關聯。宇宙弦是某些基本粒子理論的產物，它們具有長度，但截面積非常微小。一條宇宙弦周圍的時空是平坦的，然而這個平坦時空缺了一角，缺角的鋒利邊緣就在這條宇宙弦上。它就好像一個圓錐：拿一張紙剪成圓形，再像切蛋糕一樣切掉尖尖的一塊，然後把切掉的這塊丟掉，將其餘部分沿著邊緣黏起來，就是一個圓錐了。一個具有宇宙弦的時空，即可利用這個圓錐來表現（圖5.5）。

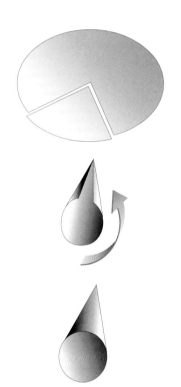

（圖5.5）

請注意，圓錐的表面仍是原來那張平平的紙（只是挖掉一塊），因此除了那個尖角，你仍可稱之為「平坦的」。你不難發現尖角處有曲率，因為如果以尖角為圓心、固定距離為半徑，那麼錐上的圓和原來那張紙上的圓相比，前者的周長一定短於後者。換句話說，由於圓錐比原來的圓紙片少一塊，就相同半徑而言，圍繞尖角的圓周一定會比較短（圖5.6）。

同理，就宇宙弦的例子而言，由於從平坦時空取走一角，圍繞宇宙弦的圓因此變短，但這並不影響到沿著宇宙弦方向的時間或距離。這就代表說，單一宇宙弦周遭的時空並不包含任何時光迴圈，所以不可能讓你旅行到過去。然而，假如還有另一條宇宙弦，而且和第一條有相對運動，那麼第二條的時間維度會是第一條的時間維度與空間維度的組合。這就意味著在一個隨著第一條弦運動的人看來，第二條弦從時空中挖掉的那一角，不但會縮短空間距離，還會縮短時間距離（圖5.7）。假如這兩條宇宙弦的相對速度接近光速，只要你繞著這兩條弦打轉，便能省下大量的時間，足以讓你回到出發之前。換句話說，在這樣的時空中，存在著讓你回到過去的時光迴圈。

在宇宙弦時空中，物質的能量密度為正，與我們所知的

（圖5.6）

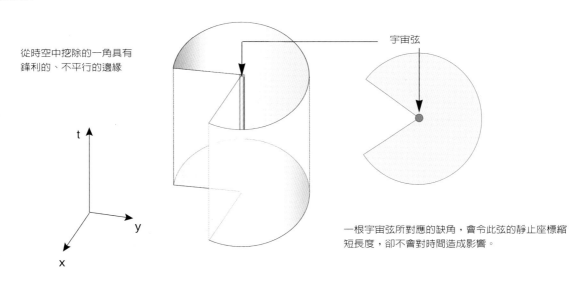

宇宙弦

從時空中挖除的一角具有
鋒利的、不平行的邊緣

一根宇宙弦所對應的缺角，會令此弦的靜止座標縮
短長度，卻不會對時間造成影響。

（圖5.7）

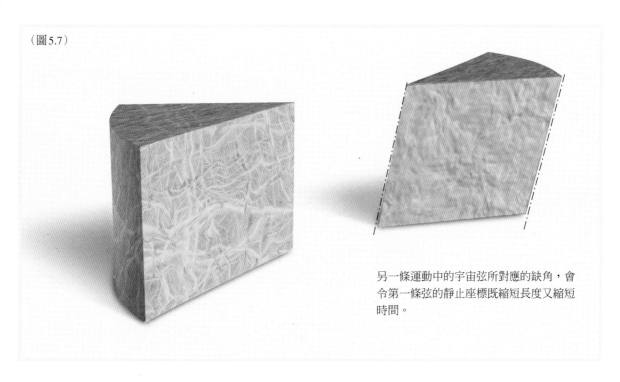

另一條運動中的宇宙弦所對應的缺角，會
令第一條弦的靜止座標既縮短長度又縮短
時間。

有限生成的時光旅行界限

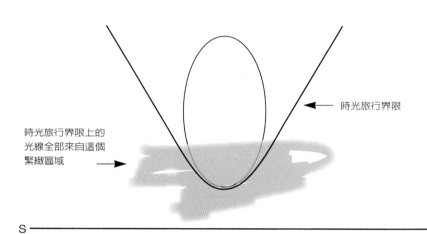

時光旅行界限

時光旅行界限上的
光線全部來自這個
緊緻區域

S

（圖5.8）
即使是最先進的文明，也只能令時空中一個有限區域彎曲。時光旅行界限是由源自有限區域的光線所形成，包圍著有可能回到過去的那一部分時空。

物理毫無牴觸。然而，製造時光迴圈的時空彎曲一直延伸到無限遠的空間，以及無限遠之前的時間。因此，這樣的時空在建造之際，已經埋下時光旅行的種子。我們沒有理由相信自己的宇宙是這樣造出來的，也沒有可靠的證據顯示曾有未來訪客造訪找們。（有人說不明飛行物便是來自未來，政府當局早已知曉卻故意隱瞞，但是我對這樣的陰謀論深表懷疑。根據過去的紀錄，政府隱瞞真相的本事並不高明。）所以我要假設在遙遠的過去並沒有時光迴圈，更精確地說，這個過去是相對於「時空中我稱之為S的曲面」。於是問題變成：曾有先進文明建造過時光機嗎？也就是說，他們能否改造S的未來時空（圖中S的上方），好讓時光迴圈在一個有限區域出現？我特別強調是有限區域，因為無論這個文明多麼先進，想必也只能控制宇宙的一個有限部分。

在科學研究上，能否以適當方式寫下一個問題，通常是解決這個問題的關鍵，而這裡就有個很好的例子。為了定義什麼是「有限大時光機」，我要利用自己的一個研究成果。一個時空區域倘若允許時光旅行，其中就得有時光迴圈──

它們是低於光速的路徑，卻因為時空的彎曲，而能繞回到出發的時間與地點。因為我假設遙遠的過去並沒有時光迴圈，所以一定有個我所謂的「時光旅行界限」，劃分出擁有和欠缺時光迴圈的兩個區域（圖5.8）。

時光旅行界限和黑洞視界相當接近。形成黑洞視界的元素，是剛好沒掉進黑洞的那些光線；而形成時光旅行界限的，則是剛好快要頭尾相接、繞成一個迴圈的光線。現在，我就要用我所謂的「有限生成界限」，作為時光機能否存在的判別準則。形成「有限生成界限」的光線通通源自某個有界區域，換句話說，這些光線並非來自無限遠處或奇異點，而是來自含有時光迴圈的有限區域──先進文明應該能建造的那種區域。

採用這個定義來尋找時光機自有優點，因為我與潘洛斯為研究奇異點及黑洞所發展的那套數學能派上用場。我甚至不必用到愛因斯坦方程式，就能證明一般而言，一個「有限生成界限」會包含一道真正頭尾相接的光線，也就是一再繞回某一點的光線。隨著這道光線一繞再繞，它的藍移會愈來愈大，因此影像會愈來愈藍，光脈衝的波峰會愈來愈擠。而根據這道光線自己的時間，它繞一圈的週期會愈來愈短。事實上，即使這些光子在有限區域內一再繞圈圈，並沒有撞到曲率奇異點，可是根據它們自己的時間，它們的歷史卻是有限的。

於是問題變成：某個先進文明能否製造一座時光機？

（圖5.9）時光旅行的危險性

（圖5.10，次頁）
黑洞會放出輻射並流失質量的預
測，意味著量子理論導致負能量跨
越視界而流入黑洞。黑洞若要縮
小，視界上的能量密度必須為負，
而這正是建造時光機所需的條件。

乍看之下，光子在有限時間內走完自己的歷史或許沒什麼。可是我能進一步證明，有些路徑所對應的速度雖然低於光速，它們的歷史仍是有限的。困在界限之前某個有限區域內的觀測者就能擁有上述歷史，他們會以愈來愈快的速度繞圈圈，最後在有限時間內達到光速。所以說，假如飛碟裡走出一位美麗的外星人，邀請你進入她的時光機，可千萬小心！你可能會陷入那些有限然而一再自我重複的歷史（圖5.9）。

這些結果與愛因斯坦方程式無關，只取決於時空要如何彎曲才能在有限區域內產生時光迴圈。然而，我們現在可以發問：一個先進文明必須使用什麼樣的物質，才能讓時空如此彎曲，以便建造一座有限大的時光機？能否像剛才討論的宇宙弦時空，讓正能量密度充斥每一個角落？宇宙弦時空並不符合我的要求，因為其中的時光迴圈並非局限在有限區域。然而我們或許會認為，這只是因為宇宙弦無限長。我們或許會想像，可以利用有限長的宇宙弦圈圈，並讓各處能量密度為正，來建造一座有限大時光機。對於那些想要回到過去的人，例如索恩，答案會令他們失望，因為光用正能量密度是行不通的。我能夠證明，要建造一座有限大時光機，你必須用到負能量。

在古典理論中，能量密度總是正的，因此在這個層次上，有限大的時光機是不可能的。然而就半古典理論而言，情形就不同了。在半古典理論中，我們讓物質遵循量子理論，而時空則是古典的、定義明確的。我們已經知道，根據量子理論的測不準原理，即使在看似空無一物的空間中，各種場也總是上下起伏，因而具有無限大的正密度。因此，我們必須減去一個無限大的量，才能得到有限的能量密度，以符合我們的觀測值。至少局部而言，這個相減過程可能造成

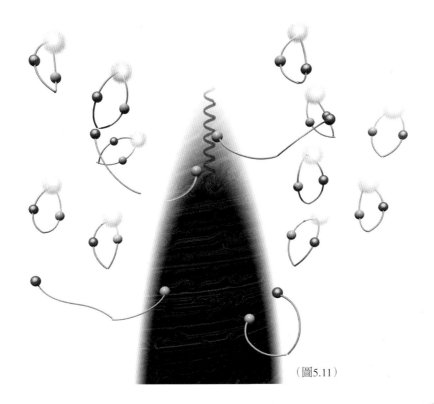

（圖5.11）

負能量密度。即使在平坦空間中，你也能找到一些特殊量子
態，其中的能量密度局部為負，但總能量卻是正的。你也許
會懷疑，這些負值是否真能令時空適當彎曲，好讓我們製造
一座有限大時光機，但答案似乎正是如此。我們在第四章提
到過，即使在看來空空如也的空間中，量子起伏也會使得其
中充滿虛粒子對——它們一同出現，分開之後又回到一起，
然後互相毀滅（圖5.10）。虛粒子對其中之一具有正能量，
而另一個則有負能量。如果附近有黑洞，負能量那個就可能
掉進去，而正能量那個就會飛到無限遠處。看來這就好像黑
洞發出輻射，帶走一些正能量。掉進去的那個負能量粒子，
則會導致黑洞損失質量、慢慢蒸發，視界也因此逐漸縮小
（圖5.11）。

具有正能量密度的普通物質，所造成的重力效應是吸引
力，而彎曲時空的方式是使光線彼此靠近。正如第二章裡，

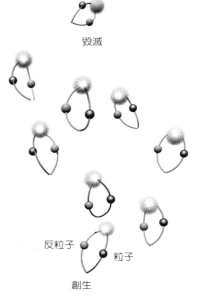

毀滅

反粒子　　　粒子

創生

（圖5.10）

145

我的外孫威廉‧史密斯。

橡皮膜上的大球總是讓小鋼珠向內彎，絕不會向外跑。

這就暗示黑洞視界的面積只能隨著時間增加，永遠不會收縮。要讓黑洞視界縮小，其上的能量密度必須是負的，而它彎曲時空的方式是使光線發散。我第一次想到這件事，是某天晚上剛就寢的時候，當時我的女兒才出生不久。我不想說那是多久以前，但我現在已經有一個外孫。

黑洞的蒸發，顯示在量子層次上能量密度有時可以是負的，能夠將時空朝製造時光機的方向彎曲。因此我們或許會想像，某個非常先進的文明能設法讓負能量密度足夠大，以製造出適用於太空船般巨觀物體的時光機。然而，在黑洞視界（由剛好逃離的光線組成）與時光機界限（包含所有一再繞圈圈的封閉光線）兩者之間，存在著一個重大差異。沿著上述封閉路徑運動的虛粒子，會將它的基態能量一再帶回同一點。因此我們會認為，在那座時光機（即允許你回到過去的區域）的邊界上，也就是時光旅行界限上，能量密度會是無窮大。而在幾個簡單到可進行精確計算的情況下，實際計算的結果正是這樣。這意味著無論是太空人或太空船，倘若試圖穿越那個界限進入時光機，就會被一道輻射消滅（圖5.12）。所以說，對於時光旅行而言，未來是一片黑暗──或者該說太過刺眼？

物質的能量密度取決於物質所處的量子態，因此一個先進文明也許可以「凍結」或除去那些繞著封閉迴圈打轉的虛粒子，而讓時光機邊界的能量密度變得有限。然而，我們不清楚這樣的時光機是否穩定──一點點擾動，例如有人穿過界限進入時光機，是否就會讓虛粒子又開始繞圈圈，因而觸發一道閃電？物理學家應該得以自由自在討論這個問題，而不至受到任何譏笑。即使結果證明時光旅行並不可能，重要

（圖5.12）
跨越時光旅行界限之際，可能會遭
一道強力輻射摧毀。

.的是我們瞭解到爲何不可能。

　　要明確回答這個問題，我們不只需要考慮物質場的量子
起伏，還得將時空本身的起伏包括在內。你或許會認爲，這
樣會把光線路徑以及整個時序概念弄得有點模糊。的確，你
可以將黑洞輻射視爲一種流失，因爲時空的量子起伏意味著
視界無法明確定義。由於我們還沒有一個完整的量子重力理
論，很難說時空起伏的效應理應是什麼。雖然如此，利用第
三章所討論的費因曼歷史總和法，我們仍有希望看出一些端
倪。

　　每個宇宙歷史都是內含物質場的彎曲時空。由於我們應
該總和所有可能的歷史，而不只是滿足某些方程式的歷史，

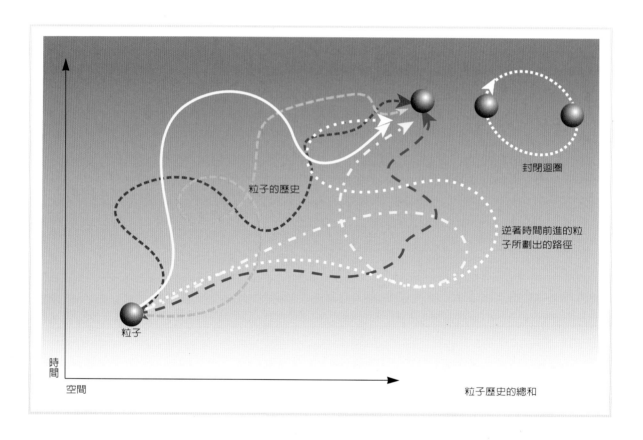

時間

空間

粒子

粒子的歷史

封閉迴圈

逆著時間前進的粒子所劃出的路徑

粒子歷史的總和

（圖5.13）
在費因曼歷史總和中，必須包括逆著時間前進的粒子所對應的歷史，甚至包括在時空中形成封閉迴圈的歷史。

因此在這個總和中，必須包括那些彎曲到足以容許回到過去的時空（圖5.13）。所以說，問題倒是時光旅行為何不是處處可見？正確答案是，時光旅行的確存在於微觀尺度上，可是我們並沒有注意。你若將費因曼歷史總和用在一個粒子上，必須把那個粒子的一切歷史考慮在內，包括它以超光速運動，甚至在時光中倒流。尤其特殊的是，有些歷史對應於那個粒子在時空中的迴圈上兜圈子。這有點像電影《今天暫時停止》中的情節，故事中那位記者一而再、再而三重複過著同一天（圖5.14）。

　　直接利用粒子偵測器，並不能觀測到具有這種迴圈歷史的粒子。然而在好些實驗裡，都測量到了它們的間接效應。其中之一，是由於電子在迴圈中的運動，造成氫原子射出的

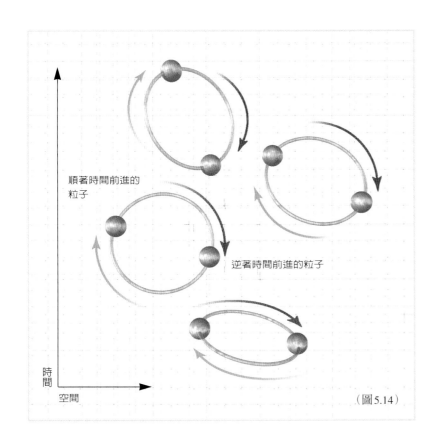

順著時間前進的
粒子

逆著時間前進的粒子

時間

空間

（圖5.14）

光線出現微小的頻移。另一個例子，是兩個平行金屬板之間有微小的力量，那是因為兩板之間所允許的迴圈歷史，要比外面區域所允許的少了一點──這是卡西米爾效應的另一種等效詮釋。因此，迴圈歷史的存在的確是有實驗證據的（圖5.15）。

你或許會懷疑：既然在諸如平坦空間這樣的固定背景中，粒子照樣能夠擁有迴圈歷史，那麼這種歷史與時空的彎曲真有關係嗎？但是最近幾年，我們發現物理現象通常都有幾種彼此對偶、互相等效的描述。我們可以說是粒子在固定背景中繞著迴圈走，也可以說這個粒子固定不動，而是周圍的時間與空間在起伏──端視你是先總和粒子路徑再總和彎曲時空，還是先總和彎曲時空再總和粒子路徑。

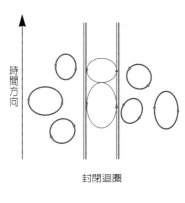

時間方向

封閉迴圈

（圖5.15）

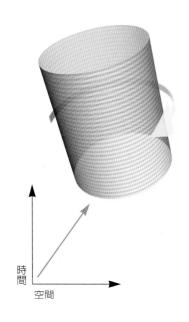

時間

空間

（圖5.16）
愛因斯坦宇宙像一個圓柱面，其中
空間是有限的，且不隨時間而變。
由於是有限大，它旋轉時可以避免
任何角落超過光速。

因此，量子理論似乎允許微觀尺度的時光旅行。然而，這對科幻構思並沒有太大幫助，你仍然無法回到從前去殺害你的祖父。所以說問題是：在具有巨觀時光迴圈的時空附近，歷史總和的機率能否有個峰值？

要探究這個問題，可以考慮一系列愈來愈可能允許時光迴圈的背景時空，然後研究其中物質場的歷史總和。在這個系列中，當時光迴圈首度出現之際，想必會發生戲劇性的變化。我與我的學生卡西迪研究過一個簡單的例子，發現的確有這種事情。

我們所研究的那一系列背景時空，與所謂的「愛因斯坦宇宙」有密切關係——當年愛因斯坦相信宇宙是靜態的、不會擴張也不會收縮（參見第一章），而提出這樣一個時空模型。在愛因斯坦宇宙中，時間從無限遠的過去流向無限遠的未來；然而，其中三個空間維度卻是有限且封閉的，有點像地球表面，只不過多了一維。你可將這個時空想像成一個圓柱面，長軸是時間維度，圓形的截痕則代表三個空間維度（圖5.16）。

愛因斯坦宇宙由於不會擴張，因此不能代表我們置身的宇宙。然而，在討論時光旅行的時候，用它當作背景卻相當方便。這是因為它足夠簡單，我們得以計算它的歷史總和。且讓我們暫時忘掉時光旅行，只考慮在愛因斯坦宇宙中，物質通通繞著某個軸在轉動。假如你站在這個軸上，便能在空間中保持固定不動，有點像站在旋轉木馬的中心。但是倘若不在這個軸上，你就會繞著軸轉圈圈，在空間中產生運動。你離這個軸愈遠，就會運動得愈快（圖5.17）。因此假如這個宇宙的空間無限大，離軸夠遠的那些點必定以超光速轉動。然而，由於愛因斯坦宇宙在空間上是有限的，我們可以定出一個臨界轉速，只要轉速低於它，這個宇宙的任何部分都不會超過光速。

在平坦空間中旋轉　　　　　　　　　　以小於光速旋轉　　　　　　　　　旋轉軸

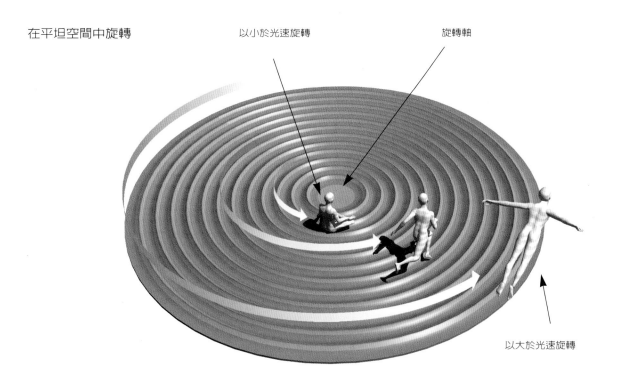

以大於光速旋轉

　　讓我們在一個旋轉的愛因斯坦宇宙中，考慮一個粒子的歷史總和。在轉速低的時候，就固定能量而言，有許多路徑可供粒子選擇。因此在這個背景中，倘若總和所有的粒子歷史，將會得到很大的波幅。這就代表在所有彎曲時空的歷史總和中，對應這個背景的機率會很高——也就是說，它是較可能的歷史之一。然而，隨著愛因斯坦宇宙的轉速逐漸接近臨界值，邊緣的速率逐漸接近光速，於是邊緣僅剩一個符合古典理論的粒子路徑，也就是以光速運動的路徑。這就代表粒子的歷史總和會很小，因此在所有彎曲時空的歷史總和中，對應這些背景的機率會很低。換句話說，它們是最不可能的歷史。

　　旋轉的愛因斯坦宇宙與時光旅行、時光迴圈又有什麼關係呢？答案是就數學而言，它和另一個允許時光迴圈的背景

（圖5.17）
在平坦空間中，剛性旋轉會在遠離軸心處超過光速。

（圖5.18）具有封閉類時曲線的背景時空

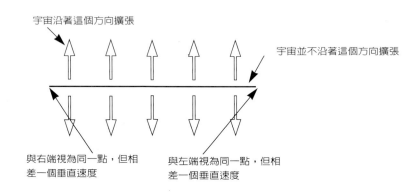

宇宙沿著這個方向擴張

宇宙並不沿著這個方向擴張

與右端視為同一點，但相差一個垂直速度

與左端視為同一點，但相差一個垂直速度

時空是等價的。而這另一個背景時空，對應於在兩個空間維度上擴張的宇宙。這個宇宙的第三個空間維度並不擴張，而是循環的。這就是說，假如你沿著這個方向走一段距離，就會回到原出發點。然而，你在第三維度上每循環一次，在第一和第二維度上就會加速一次（圖5.18）。

假如上述的加速不大，就不會有時光迴圈出現。然而，考慮一系列加速愈來愈大的這類背景時空，在某個臨界加速上，就會出現時光迴圈。不必驚訝，這個臨界加速正好對應愛因斯坦宇宙的臨界轉速。由於數學上而言，在這兩類背景時空中做歷史總和計算是等價的，因此我們可以斷言：隨著這一系

列背景時空逐漸彎曲到允許時光迴圈，對應的機率逐漸趨近於零。換句話說，時空彎曲到足以產生時光機的機率是零。這個結論正好支持我所謂的「時序保護猜想」（參見第二章末）：許多物理定律合力阻止巨觀物體進行時光旅行。

　　雖然歷史總和之中允許時光迴圈，它們對應的機率卻極微小。利用先前提到的對偶性，我估計索恩能回到過去殺死祖父的機率小於一〇〇〇〇……（總共一兆兆兆兆兆個〇）分之一。

　　這是非常小的機率！但你如果仔細端詳索恩的照片，或許會看到邊緣處有一點點模糊。它對應的正是某個壞蛋回到過去殺掉索恩的祖父、害得索恩無法存在的那點微小機率。

　　我與索恩都是賭徒，常喜歡拿這種事打賭。問題是如今我們站在同一邊，所以這個賭打不成了。另一方面，我也不會跟其他人打這個賭。他搞不好就是未來的人，根本知道時光旅行是行得通的。

　　你也許會懷疑本章是在幫助政府隱瞞時光旅行的真相。嗯，或許有道理。

索恩能夠回到過去殺掉祖父的機率是 $1/10^{10^{60}}$，換句話說，就是一〇〇〇〇……（總共一兆兆兆兆個〇）分之一。

保衛過去

第六章
我們的未來科幻嗎？

有機生命與電子生命
如何不斷加速發展複雜度？

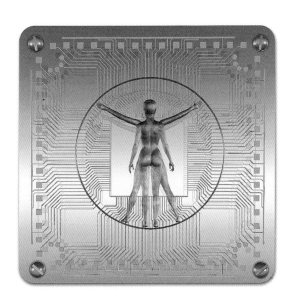

（圖6.1）人口的成長

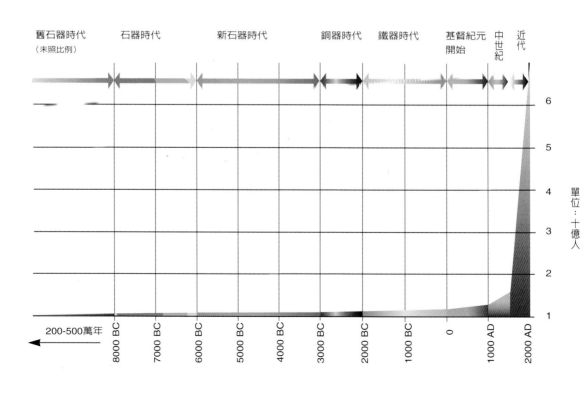

舊石器時代 　　石器時代 　　新石器時代 　　銅器時代 　鐵器時代 　　基督紀元 　中世紀 　近代
（未照比例）　　　　　　　　　　　　　　　　　　　　　　　　　　　開始

200-500萬年　　8000 BC　7000 BC　6000 BC　5000 BC　4000 BC　3000 BC　2000 BC　1000 BC　0　1000 AD　2000 AD

6
5
4
3
2
1

單位：十億人

牛頓、愛因斯坦、Data少校和我自己，在「星艦」影集中玩撲克牌。

　　「星艦劇集」會這麼受歡迎，是因爲它描繪出一個安逸的未來。我自己也算是「星劇迷」，因此製作單位不難說服我客串一角，在電視上和牛頓、愛因斯坦及Data少校玩撲克牌。結果我一吃三，可惜紅色警報隨即響起，害我根本來不及撈錢。

　　「星劇」中的社會，無論在科學上、科技上或政治組織上，都比我們的社會先進許多（第三點或許並不困難）。因此，從現在開始這三百年間，一定出現過許多重大改變，伴隨著各種對峙與顛覆。可是到了影集中那個時代，科學、科技與政治組織都應該達到接近完美的程度。

　　在此我要質疑這個遠景，質疑我們是否會在科學與科技上達到最終的穩定狀態。自從上一次冰河期結束後，這一萬多年來，人類從未處於知識或科技停滯的狀態。雖然出現過幾次退化，例如羅馬帝國崩潰後的「黑暗時代」，可是除了黑死病之類的例外，世界總人口數一直穩定成長（圖6.1）。而人口數正是科技能力的指標，因爲無論生產食物或對抗疾病都需要科技。

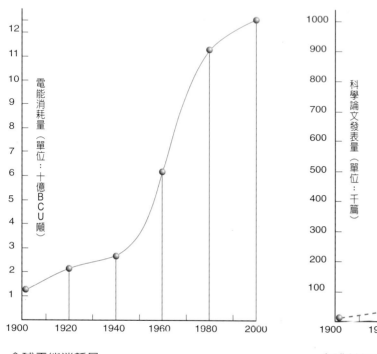

全球電能消耗量

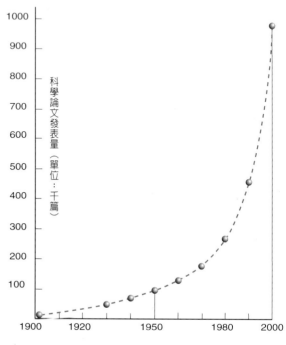

全球科學論文發表量

（圖6.2）
左圖：全球電能消耗量，單位爲十億BCU噸，每BCU噸約等於8130千瓦小時（8130度）。

右圖：每年科學論文的發表量，縱軸以「千篇」爲單位。1900年整年約有九千篇，1950年整年約有九萬篇，而2000年整年則大約有九十萬篇。

過去兩百年間，人口變成了指數式成長；也就是說，人口成長率年年相同。目前，大約是每年增加1.9%。聽來似乎不太多，但這卻代表世界人口每四十年增加一倍（圖6.2）。

就近代科技發展而言，電量消耗與科學論文數量也是很好的指標。這兩者同樣呈現指數式成長，「倍增時間」甚至小於四十年。目前爲止，還看不出科學與科技發展在「近未來」會有減緩或停止的跡象。至少一直到「星劇」時代也絕不會發生這種事，因爲他們的時間舞台還不算太遙遠。可是，假如人口成長率和電量消耗率一直居高不下，到了公元二六○○年，地球上的人類只好肩並肩站著，使用的電量則會把地球燒紅（參見次頁插圖）。

到了公元2600年，地球上的人類只好肩並肩站著，消耗的電能則會把地球燒紅。

此外，假如你想把新出版的書一本貼一本排起來，就得以時速九十哩狂奔，否則根本趕不上出書的速度。當然，到了公元二六○○年，科學與文學作品都會以電子形式呈現，不會再有實體的書籍或紙張。雖然如此，假使指數式成長繼續下去，我這一派的理論物理論文每秒會出現十篇，讓你根本來不及讀。

顯然，目前這種指數式成長不可能持續到永遠。所以說，將來會有什麼變化呢？可能性之一，是人類製造一場大難（例如核戰）將自己一掃而光。有人提出一種黑色幽默的論調，說我們之所以從未接觸過外星文明，是因為文明一旦發展到我們這個階段，就會變得不穩定，進而自我毀滅。然而我是個樂觀主義者，我不相信人類好不容易達到這個境界，只是為了要在愈來愈有趣的當兒毀掉自己。

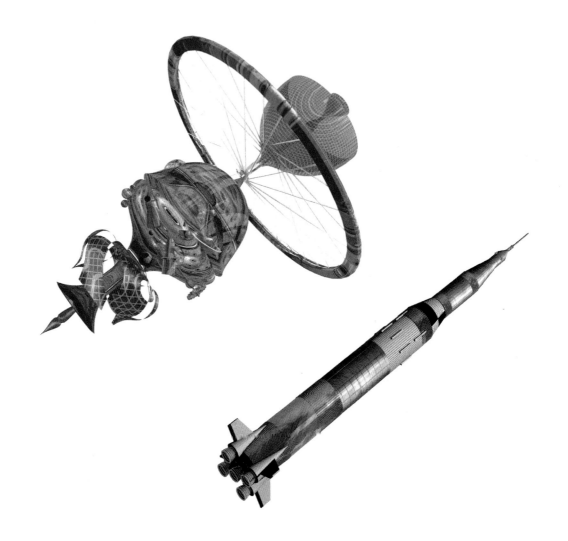

（圖6.3）
由於星艦企業號或類似上圖的太空船
能夠達到「曲速」，也就是遠超過光
速的速度，「星艦」的故事才編得下
去。然而，假如「時序保護猜想」是
正確的，我們就只能用低於光速的太
空船探測銀河系。

　　至於「星劇」版的未來：人類達到一個先進但實質上靜
止的境界，就我們對宇宙基本定律的掌握而言，倒是有可能
成真的。我將在下一章談到，或許在不太遙遠的將來，我們
就會發現一個終極理論。這個終極理論倘若真正存在，將能
決定「星劇」所夢想的「曲速引擎」是否可行。根據目前的
看法，我們必須以緩慢冗長的方式探索銀河系，也就是使用
低於光速的太空船。但是，由於我們尚未掌握一個完整統一
的理論，我們還不能排除曲速引擎的可能性（圖6.3）。

另一方面，我們對近乎最極端情況下的物理定律已有所瞭解——這些定律即使不能控制星艦企業號，也至少適用於艦上的成員。然而無論是這些定律的使用範圍，或是它們製造出來的複雜度，似乎都永遠不會達到一個穩定狀態。而這個複雜度，就是本章其餘部分的主題。

我們所接觸的無數系統中，最複雜不過的就是我們自己的身體。生命似乎是在大約四十億年前，發源自覆蓋整個地球的太初海洋。這件事是如何發生的，我們目前還不知道。有可能是原子間的隨機碰撞形成了巨型分子，這些分子再自我複製、自我組合成更複雜的結構。我們的確知道的是，早在三十五億年前，去氧核糖核酸(DNA)這種高度複雜的分子已經出現了。

DNA是地球上所有生命的基礎。它擁有一個雙螺旋結構，有點像螺旋梯；一九五三年，由劍橋大學卡文迪西實驗室的克里克與華生共同發現。在雙螺旋中，負責連接兩股螺旋的是「鹼基對」，它們很像螺旋梯的踏腳板。鹼基共有四種，分別是胞嘧啶、鳥嘌呤、胸嘧啶及腺嘌呤。這四種鹼基在雙螺旋中的排列順序藏著遺傳資訊，能讓DNA組合出一個有機體，並能讓DNA自我複製。當DNA複製自己的時候，雙螺旋中的鹼基偶爾會弄錯順序。在大多數情況下，這些錯誤會使DNA無法（或是比較不可能）自我複製，這意味著如此的遺傳錯誤（即所謂的突變）會自動消失。但在少數情況下，錯誤（或曰突變）竟然會增加DNA自我複製與生存的機會。在基因碼中，這樣的改變是良性的。鹼基序列中的資訊之所以能逐漸演化，其複雜度之所以能逐漸增加，真正原因就在這裡（參見第162頁，圖6.4）。

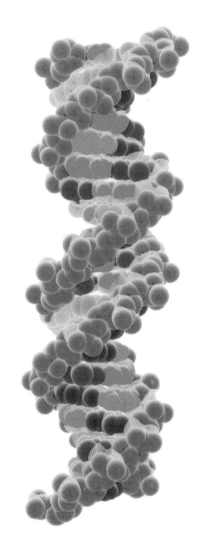

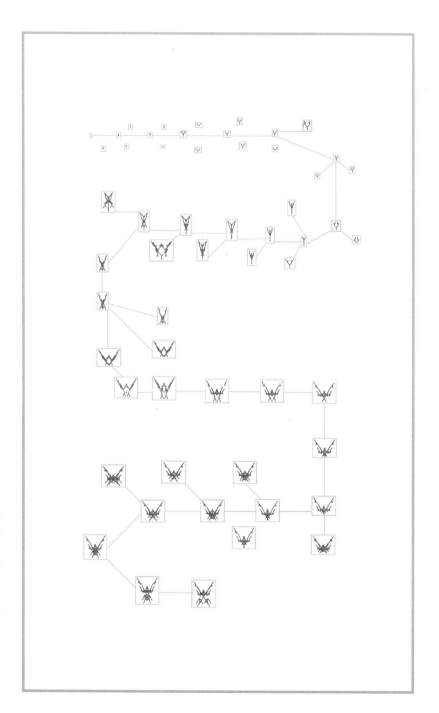

（圖6.4）進行中的演化

右圖是由電腦產生的一組「圖像生命」，它們根據生物學家道金斯設計的程式來演化。某一特定品系是否能夠存活，由一些簡單的特質決定，例如是否「有趣」、是否「不同」，或者是否「像昆蟲」。

從單一像素開始，早期數個隨機世代在類似天擇的過程中發展。右圖顯示的，是道金斯將一個像昆蟲的圖形成功養到第29代（其中也有好些演化上的死胡同。）

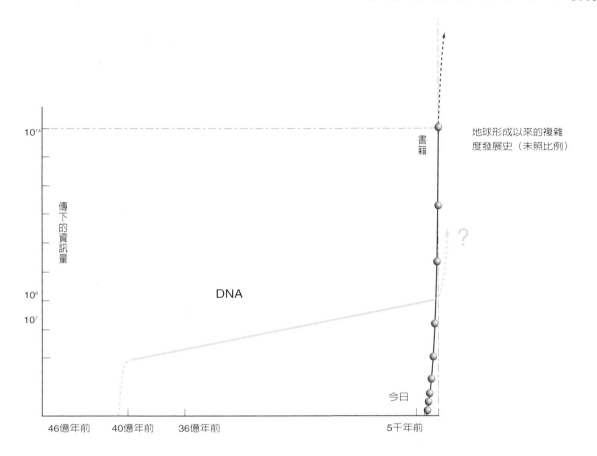

地球形成以來的複雜
度發展史（未照比例）

基本上，生物演化是在「基因空間」中的隨機漫步，因此過程非常緩慢。藏在DNA內的複雜度（或說資訊位元數）大致等於其中的鹼基數。最初的二十億年左右，就數量級而言，複雜度增加率一定只有每百年一位元。過去幾百萬年間，DNA複雜度的增加率逐漸漲到大約每年一位元。可是，在六千到八千年前，出現一個重大的新發展──人類發展出文字。這意味著資訊可以一代傳一代，不必等待非常緩慢的隨機突變與天擇將它們編入DNA序列，於是複雜度陡然增加。一本愛情小說所攜帶的資訊量，約等於猩猩與人類在DNA上的差異；而一套三十冊的百科全書，則能描述人類DNA的整個序列（圖6.5）。

更重要的是，書上的資訊能夠迅速更新。人類DNA經由生物演化而更新的速率，目前大約是每年一位元。

（圖6.5）

163

讓胎兒在母體外成長，能孕育出更大的頭腦和更高的智慧。

可是每年有二十萬本新書問世，新資訊產生率超過每秒一百萬位元。當然，這些資訊大部分是垃圾，可是即使只有億分之一有用，這種演化速率仍比生物演化快十萬倍。

這種外在的、非生物的資料傳輸過程，導致人類主宰了這個世界，並以指數方式增加人口。可是如今，我們即將開展一個新的時代：人類將能增加自身內在記錄（即DNA）的複雜度，不用再傻等生物演化的緩慢過程。過去一萬年來，人類DNA並沒有顯著的變化，但很有可能在未來一千年內，我們會有辦法完全重新設計這些DNA。當然，很多人會說應該禁止研究人類遺傳工程，可是我懷疑我們真能阻止這個趨勢。基於經濟因素，動植物的遺傳工程不會遭禁，所以一定會有人嘗試應用到人體上。除非我們有一個極權的世界政府，否則在世界某個角落，難免會有科學家嘗試設計改良人種。

顯然，假如世上出現改良人種，勢必跟未改良人種摩擦出巨大的社會與政治問題。我並未企圖為人類遺傳工程辯護，只是強調無論我們要不要，它都很有可能發生。基於這個理由，我並不相信「星劇」這類的科幻故事，因為在三百多年之後，人類怎麼可能還跟你我沒有根本上的差異？我認為人類（以及人類的DNA）會相當迅速地增加複雜度。我們應該承認這是很可能發生的事，並且認真考慮我們的因應之道。

就某個角度而言，人類需要增進自己在精神上與肉體上的品質，才能應付愈來愈複雜的周遭世界，並且面對諸如太空旅行的新挑戰。此外，假如想讓生物系統繼續領先電子系統，人類同樣需要增加自身的複雜度。如今，電腦佔有速度上的優勢，卻尚未顯現智慧的跡象。這沒有什麼好驚訝的，因為就複雜度而言，目前的電腦還比不上蚯蚓的腦子，而蚯蚓真不是什麼聰明的動物。

就計算能力而言，我們的電腦目前仍輸給小小蚯蚓的頭腦。

165

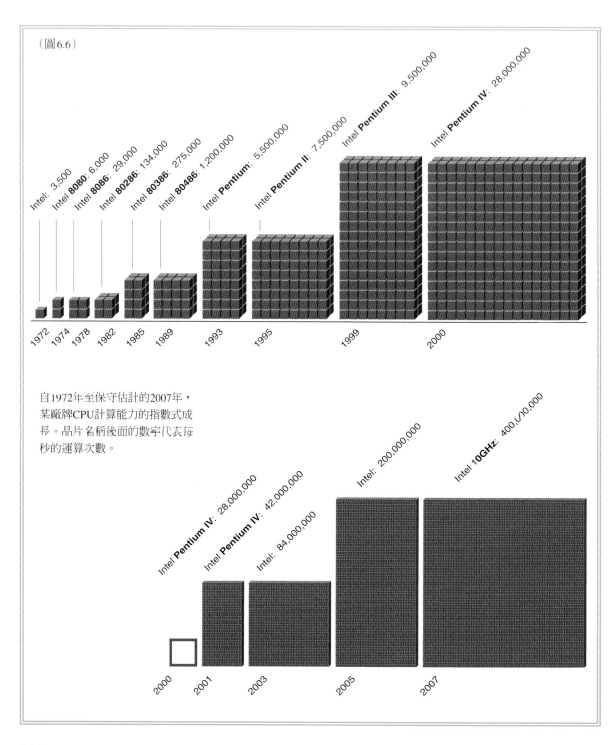

（圖6.6）

Intel: 3,500
Intel **8080**: 6,000
Intel **8086**: 29,000
Intel **80286**: 134,000
Intel **80386**: 275,000
Intel **80486**: 1,200,000
Intel **Pentium**: 5,500,000
Intel **Pentium II**: 7,500,000
Intel **Pentium III**: 9,500,000
Intel **Pentium IV**: 28,000,000

1972　1974　1978　1982　1985　1989　1993　1995　1999　2000

自1972年至保守估計的2007年，某廠牌CPU計算能力的指數式成長。晶片名稱後面的數字代表每秒的運算次數。

Intel **Pentium IV**: 28,000,000
Intel **Pentium IV**: 42,000,000
Intel: 84,000,000
Intel: 200,000,000
Intel **10GHz**: 400,000,000

2000　2001　2003　2005　2007

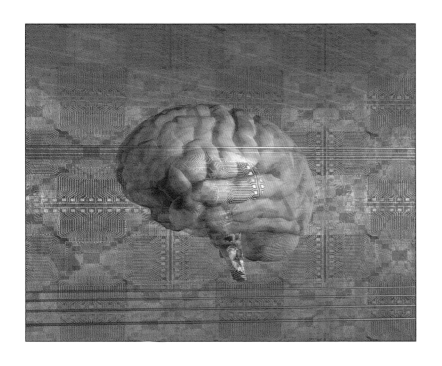

可是電腦服從眾所皆知的摩爾定律：每十八個月，電腦的速度與複雜度就增加一倍（圖6.6）。像這樣的指數式成長，顯然不可能無限制持續。然而，它或許會持續得夠久，直到電腦與人腦擁有相似的複雜度。有些人說，姑且不論智慧是什麼，電腦永遠不能顯現真正的智慧。可是在我看來，既然非常複雜、非常大量的化學分子能在人體中運作出智慧，那麼同樣複雜的電子電路也能讓電腦表現出智慧行為。而電腦一旦有了智慧，想必就能設計出智慧及複雜度更高的電腦。

生物複雜度與電子複雜度的這種增加方式，是否會永遠持續下去？還是會有一個自然極限？在生物這方面，人類的智慧目前受限於腦袋的大小，因為出生時腦袋要經過產道。我曾經目睹我的三個孩子出生，所以知道這有多麼困難。可是我預期在一百年內，人類將有辦法在體外孕育胎兒，那時這個限制就消失了。然而，藉由遺傳工程擴充人類大腦的做

神經移植能夠提供強化的記憶，以及諸如某種語言的完整套件，或者讓人在幾分鐘內學到本書的全部內容。倘若這種改良人類真正出現，他們和我們不會有太多相似之處。

宇宙簡史

事件（未照比例）

宇宙誕生後3萬年，是一個熾熱的、不透明的、暴脹的宇宙。

物質和能量退耦合，宇宙開始變得透明。

宇宙誕生後10億年，物質叢聚形成原星系，並從中合成較重的原子核。

宇宙誕生後30億年，哈伯太空望遠鏡的「深空影像」所記錄的古老星系。

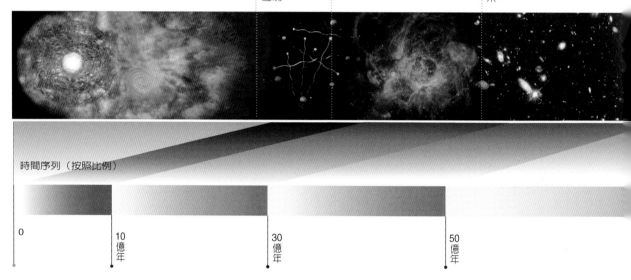

時間序列（按照比例）

0   10億年   30億年   50億年

（圖6.7）
在宇宙的歷史上，人類存在的時間只佔極微小的比例。假如上圖按照比例來畫，並將人類的歷史畫成七公分，那麼宇宙的整個歷史會超過一公里。倘若我們遇到任何外星生命，很可能會發現他們比我們原始很多，不然就是先進很多。

法，終究會碰到另一個難題：人體內負責精神活動的「化學信使」動作並不夠快。這就意味著，大腦的複雜度若想進一步提升，就必須以速度作為代價。我們可以擁有急智，或是智商非常高，但兩者不可兼得。話說回來，我想人類能變得比「星劇」中大多數角色聰明許多，做不到反倒是很難的事。

　　就複雜度和速度的取捨而言，電子電路與人腦面對同樣的問題。然而，電子電路用的是電訊號，並不是化學訊號，而且是以光速傳遞，相較之下迅速得多。雖然如此，在設計更快的電腦時，光速這個極限已經浮現檯面。想要改善這種情勢，我們可將電路造得更小，但是物質皆由原子組成，我們最終仍會碰到原子大小這個極限。話說回來，在碰到這個

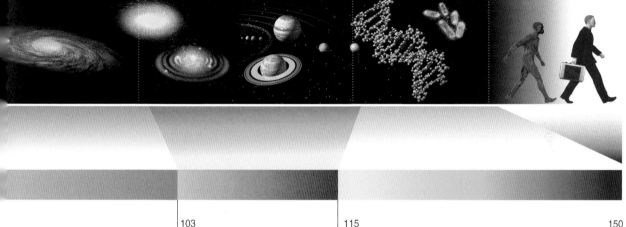

具有較重原子核的新星系形成，例如銀河系。

太陽系形成，行星開始環繞太陽。

35億年前，生命開始出現。

500萬年前，早期人類出現。

103億年

115億年

150億年

障壁之前，我們還有好一段路要走。

　　想在電子電路中增加複雜度卻維持速度，另一個方法是模仿人腦。人腦並沒有一個依序處理各指令的中央處理器，而是有幾百萬個處理器同時工作。這種大規模的平行處理，會是電子智慧未來的發展方向。

　　假設我們沒有在未來一百年內自我毀滅，人類就有可能散布到太陽系其他行星，進而前往附近的恆星。可是絕不會像「星艦劇集」或《巴比倫五號》那樣，幾乎在每個恆星系都碰到近乎人類的種族。別忘了，從大霹靂到現在已有大約一百五十億年，而人類擁有目前的形體才不過兩百萬年（圖6.7）。

生物與電子的介面

二十年內，一台一千美元的電腦就
有可能和人腦一樣複雜。平行處理
器能夠模仿大腦的功能，讓電腦表
現出智慧和意識。

神經移植能讓人腦和電腦的介面加
速無數倍，並且打破生物智慧和電
子智慧的距離。

不久的將來，大部分的交易或許會
藉由「全球資訊網」來進行。

十年內，許多人甚至可能選擇以虛
擬形式活在網路裡，和他人建立網
中友誼和網中關係。

我們對人類基因組的瞭解，無疑會
引發醫學的大躍進，也會使我們能
大大提高人類DNA結構的複雜度。
未來幾百年內，人類遺傳工程將取
代生物演化，重新設計人類這種生
物，並引發許多嶄新的倫理問題。

至於超越太陽系的太空旅行，或許
需要用到基因改造的人種，不然就
是電腦控制的無人探測船。

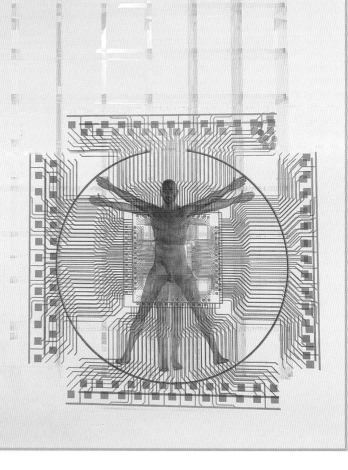

因此即使其他恆星系發展出生命，也只有極小機率會是他們剛好處於接近人形的階段。我們將來遇到的外星生命，一定不是太原始就是太先進。而如果他們太先進的話，又為何尚未遍布銀河系、尚未造訪地球呢？假使外星生命曾經來過這裡，應該不會低調行事——想必會比較像《星際終結者》那部電影，而不會像《外星人》。

所以說，你要如何解釋外星訪客闕如的事實？有可能星際間的確有個先進的種族，他們知曉我們的存在，卻決定讓原始的我們自生自滅。然而，很難相信他們會如此體諒一種低等生命——以我們大多數人來說，會擔心走路時踩死多少昆蟲或蚯蚓嗎？另一個更合理的解釋是，無論是行星上發展出生命，或是生命發展出智慧，所對應的機率都非常低。由於我們聲稱自己是智慧生命（雖然或許沒有多少根據），因而傾向將智慧視為演化的必然結果。然而，這點是可以質疑的。智慧有什麼存活的價值，目前還不清楚。細菌沒有智慧，卻活得相當好；假如我們所謂的智慧導致我們在一場核戰中盡數毀滅，細菌仍能繼續活在地球上。因此在探索銀河系的過程中，我們或許會發現原始生命，卻不太可能發現酷似我們的外星人。

「星劇」描繪的那種安逸景象——一個遍布許多人形生物的宇宙，科學與科技雖然先進其實卻已停擺——絕對不會是我們的未來。恰恰相反，我想我們會孤軍奮鬥，但在生物複雜度與電子複雜度上都會有迅速進展。未來一百年間還不會發生太大變化，這是我們還能準確預測的。但是在下個仟禧年，假如人類撐得到那時，那個未來世界將與「星劇」大相逕庭。

智慧是否值得長存？

我 們 的 未 來 科 幻 嗎 ？

第七章
美麗膜世界

我們活在一片膜上嗎？
我們只是一組全像照片嗎？

噴火龍在此

（圖7.1）
M理論有點像拼圖，邊緣部分不難
拼好，可是我們對中央部分卻沒什
麼概念。因為那裡不能假設任何量
很小，所以不能使用近似法。

今後，我們的發現之旅將如何繼續？我們真會找到一個
完整統一的理論，以解釋宇宙與其中萬事萬物嗎？事實上，
正如第二章提到的，我們或許已將M理論視為「萬有理
論」。但至少就我們目前所知，這個理論還沒有單一的形
式。反之，我們發現了一堆看似不同的理論，似乎都是同一
個基層理論在不同極限下的近似，正如牛頓重力定律是廣義
相對論在弱重力場極限下的近似。M理論像個拼圖遊戲：最
容易找出來和拼好的，總是位於邊緣的那些碎塊；就M理論
而言，邊緣就是某物理量很小的極限情況。對於這些邊緣，
我們現在已有相當的認識，但在M理論拼圖中央處還有個
洞，我們不知道它對應什麼（圖7.1）。在我們填好那個洞之
前，不能真正聲稱找到了萬有理論。

M理論的中央是什麼呢？會不會像藏寶圖所畫的，我們
會發現一群龍（或是類似的怪東西）？根據過去的經驗，每
當我們將觀測延伸到更小的尺度，都很可能發現意料不到的
新現象。二十世紀初，我們對古典物理尺度的自然律已有所
瞭解，範圍大約是從星際距離到百分之一公厘。古典物理假
設物質是一種連續介質，具有彈性與黏性之類的性質。可是
後來出現一些證據，顯示物質其實並不平滑，而是顆粒狀
的，是由微小的基石「原子」所組成。原子的英文atom源自

IIB型

I型　　　　　　　　IIA型

O混雜型　　　　　E混雜型

十一維超重力

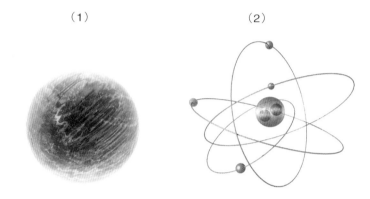

（圖7.2）
（1）古典物理中不可分割的原子
（2）原子模型：原子核由質子和
中子組成，外面環繞一些電子。

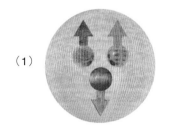

（1）

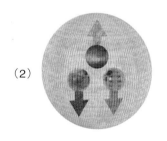

（2）

（圖7.3）
（1）質子由兩個帶2/3基本電荷的
上夸克，和一個帶-1/3基本電荷的
下夸克組成。
（2）中子由兩個帶-1/3基本電荷的
下夸克，和一個帶2/3基本電荷的
上夸克組成。

希臘文，原本是「不可分割」的意思。不過科學家隨即發
現，原子外面有些電子，裡面則是由質子與中子組成的原子
核（圖7.2）。

　　二十世紀前三十年的原子物理學，將我們對物質的瞭解
延伸到百萬分之一公厘。然後我們又發現，質子與中子是由
更小的粒子「夸克」所組成（圖7.3）。

　　而最近核物理與高能物理的研究，將探索的尺度又縮小
十億倍。看來我們似乎可以繼續下去，不斷在更小的尺度上
發現新的結構。然而，就像俄羅斯娃娃肚子裡的小娃娃一
樣，這個序列也有個極限（圖7.4）。

　　最後，我們終究會掏出那個最小的、不能再拆的娃娃。
在物理學上，最小的娃娃稱為「蒲郎克長度」。若想探究比
它更短的距離，需要的粒子會具有太高的能量，本身會變成
一個黑洞。在M理論中，我們還不知道這個基本蒲郎克長度
的確切值，但它可能小到億兆兆分之一公厘。我們並不準備
建造能探測到這麼小尺度的粒子加速器；這樣的加速器會比
整個太陽系還大，在當今的經濟情勢下，它是不太可能獲准
的（參見第178頁，圖7.5）。

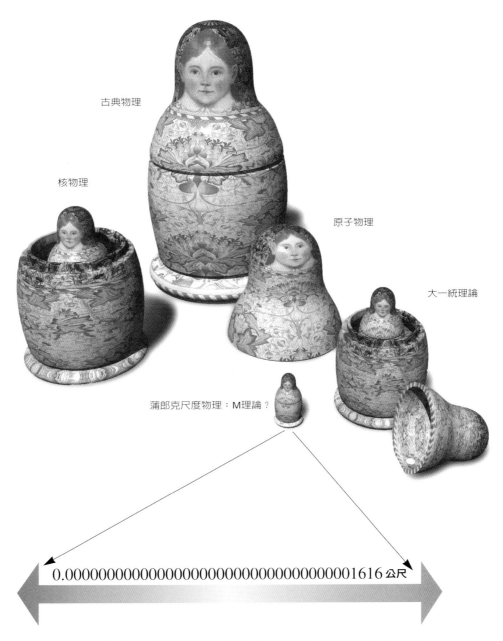

古典物理

核物理

原子物理

大一統理論

蒲郎克尺度物理：M理論？

0.00000000000000000000000000000001616公尺

（圖7.4）每個娃娃都代表在某個尺度下我們對自然界的理解。每個娃娃裡面都有更小的娃娃，對應於描述更小尺度的理論。但是在物理學中，有個最小的基本長度稱為「蒲郎克長度」，在這個尺度下，或許可用M理論來描述自然界。

（圖7.5）
若想探測像蒲郎克長度那麼小的距離，所需的加速器包圍整個太陽系有餘。

然而，有個令人振奮的新發展，意味著至少某些「M龍」或許能以比較容易（也比較便宜）的辦法找出來。我在第二、三章解釋過，在M理論的數學模型中，時空具有十維或十一維。直到最近，大家都還認爲那額外的六、七維會捲成非常小，情形有點像人的頭髮（圖7.6）。

假如用放大鏡觀察一根頭髮，你不難看出它的寬度。可是對肉眼而言，它看起來就像一條線，除了長度就沒有別的維度。時空或許也類似這樣：對人類尺度、原子尺度甚或原子核尺度而言，時空或許呈現四維且近乎平坦。另一方面，假如我們利用極高能量的粒子，探測非常短的距離，應該會看到時空是十維或十一維的。

假如所有的額外維度都非常小，要觀測它們會非常困難。然而，最近有人主張某些額外維度可能並不小，甚至還

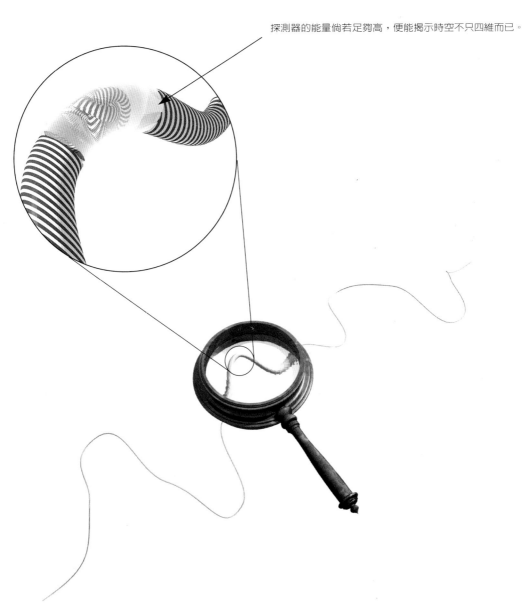

探測器的能量倘若足夠高，便能揭示時空不只四維而已。

（圖7.6）
在肉眼看來，頭髮像一條線，長度似乎是它唯一的維度。同理，時空在我們看來雖然是四維的，但是若用能量非常高的粒子來探測，就可能顯現出十維或十一維。

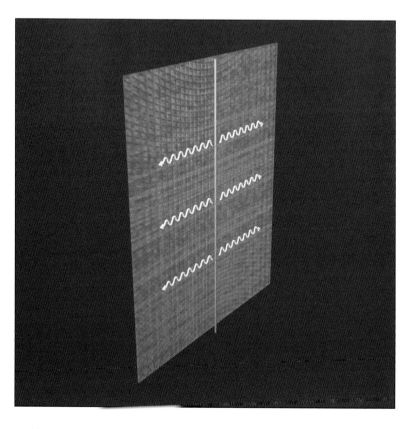

（圖7.7）膜世界
電磁力局束在膜上，而且「距離衰減率」剛好讓環繞原子核的電子擁有穩定的軌道。

可能是無限大。這個想法有很大的優點（至少對像我這樣的實證主義者），因為它是可檢驗的，例如利用下一代的粒子加速器，或是藉由對重力所做的靈敏短程測量。這樣的觀測只可能有兩個結果，一是推翻上述理論，一是提出其他維度存在的實驗證據。

在尋找「終極模型」或「終極理論」的過程中，巨觀額外維度是個令人振奮的新發展。這些維度的存在，意味著我們活在一個「膜世界」上，它是高維時空裡的一個四維曲面。

無論任何物質，以及任何非重力的作用力，例如靜電力，都會被局束在這片膜上。因此只要不牽涉到重力，萬事萬物仍表現得好像在四維時空中。尤其是在原子裡面，原子

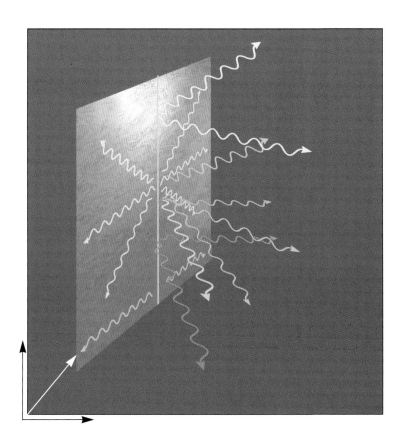

核與核外電子之間的靜電力仍然隨著距離正常遞減，遞減率
剛好會讓原子保持穩定，不讓電子掉進原子核裡（圖7.7）。

　　唯有這樣才會符合人本原理：宇宙必須適於孕育智慧生
命。假如原子不穩定，就不會有我們來觀測這個宇宙，或是
質問宇宙爲何是四維的。

　　另一方面，四維彎曲時空所呈現的重力，則會貫穿整個
高維時空。這就代表說，重力會表現得和其他作用力不一
樣；由於重力會擴散到額外維度中，因此它隨著距離的遞減
會比預期來得迅速（圖7.8）。

　　假如這種較快的重力遞減延伸到天文距離，我們就會在
行星軌道上察覺到它的效應。事實上，如第三章所說，這會

（圖7.8）
重力除了沿著膜傳遞，還會擴散到
額外維度中。因此，重力隨距離的
衰減會比在四維時空中更快。

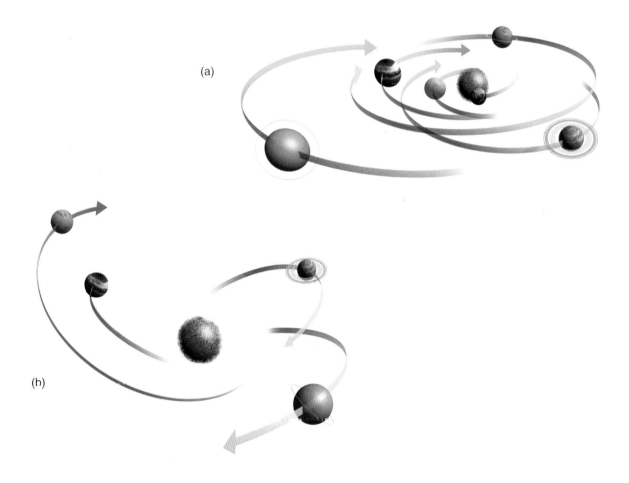

（圖7.9）
重力在大尺度上衰減得比預期中更
快，意味著行星軌道並不穩定。行
星不是掉到太陽上（a），就是完全
脫離太陽的掌握（b）。

導致不穩定的結構：行星若非掉進太陽裡面，就是飛到又黑
又冷的恆星際太空（圖7.9）。

　　然而，假如我們的膜世界附近還有另一片膜，而這片膜
是那些額外維度的終點，上述情形就不會發生。這樣一來，
凡是比兩膜間隔更大的距離，重力就不能自由擴散，等於是
局束在我們的膜世界上，就像靜電力那樣。於是重力遞減率
不至太快，行星軌道得以保持穩定（圖7.10）。

　　另一方面，在小於兩膜間隔的距離上，重力就會遞減得
比較快。在實驗室中，已經能將兩重物間的微小重力測得很
準，但以目前的實驗水準，還不能偵測到兩膜間隔小於幾公

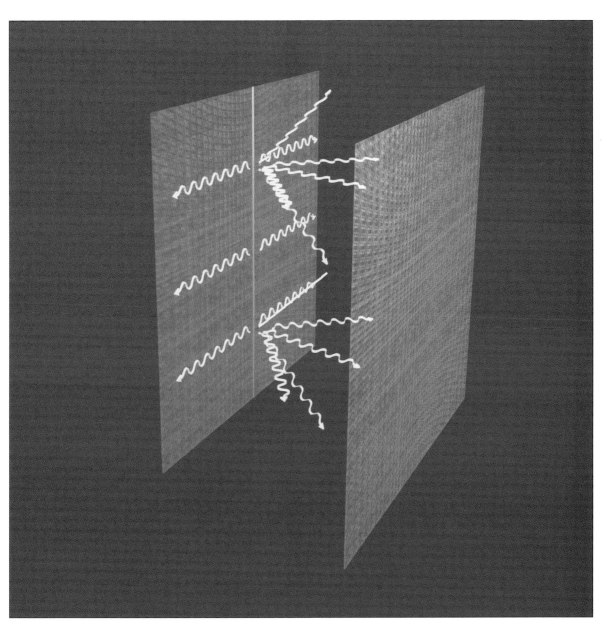

（圖7.10）我們的膜世界附近倘若有另一片膜，便會阻止重力在額外維度中擴散到遠方，這意
味著只要距離超過兩片膜的間隔，重力的距離衰減率就會符合四維時空中的預期。

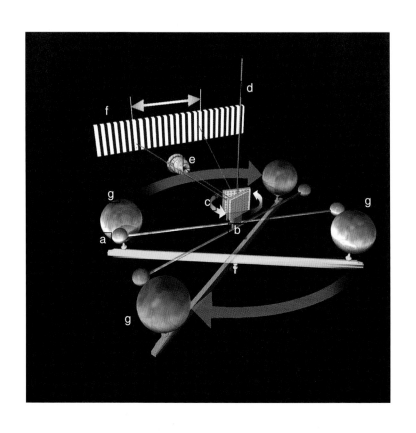

（圖7.11）卡文迪西實驗

啞鈴(b)由兩個小鉛球(a)組成，中間裝有一面小鏡子(c)。整個啞鈴懸在一根扭絲上，可以自由扭動。兩個較大的鉛球(g)固定在一根旋轉棒的兩端，與小鉛球靠近。等到大鉛球轉到小鉛球的另一側，啞鈴便會開始擺盪，最後進入一個新位置。雷射光束(e)經由(c)反射到畫有刻度的螢幕(f)，便能確定啞鈴是否曾有任何扭動。

厘的效應。至於更短的間隔，則另有新的實驗正在進行（參見圖7.11）。

在這樣的膜世界中，我們活在一片膜上，但附近還有另一片「影子膜」。因為光線會局束在膜上，不會穿越兩膜之間的空間，所以我們看不到那個影子世界。可是，我們卻能感受到影子膜上的物質所產生的重力。在我們的膜世界上，那些重力好像是來自真正「黑暗」的源頭；我們唯一能偵測到它們的方法，就是藉由它們發出的重力（圖7.12）。事實上，想要解釋恆星環繞銀河系中心的速率，我們觀測到的物質還真的不夠，似乎一定還有別的質量。

（圖7.12）在膜世界模型裡，由於重力可傳播到額外維度中，因此我們這片膜上的
行星能環繞位於影子膜上的暗物質。

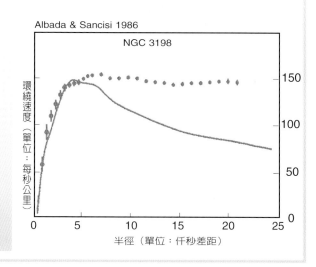

暗物質的證據

幾種不同的宇宙學觀測,都強烈暗示在各個星系中,包括銀河系在內,都應該存在比我們所見更多得多的物質。其中最具說服力的觀測證據,就是位於螺旋星系(例如銀河系)外緣的恆星都繞得太快太快了,我們觀測到的所有恆星所產生的重力也絕對抓不住它們(參見次頁)。

早在1970年代我們就知道,螺旋星系外緣恆星具有太大的環繞速度觀測值(圖中以紅點顯示),並不符合根據星系內可見恆星分布所計算的軌道速度(圖中以實線顯示)。這項差異所代表的意義,是螺旋星系外緣應該還有更多得多的物質。

螺旋星系NGC3198的自轉曲線

Albada & Sancisi 1986

NGC 3198

環繞速度（單位：每秒公里）

半徑（單位：仟秒差距）

暗物質的本質

宇宙學家現在相信,雖然螺旋星系中央部分主要是由普通恆星組成,外緣部分卻由我們無法直接看到的暗物質主宰。如今一個基本的問題,就是這些暗物質的主要形式是什麼。1980年代之前,通常都假設這些暗物質也是質子、中子和電子構成的普通物質,不過是以不易偵測的形式存在,也許是氣體雲,或者是「大質量緻密暈體」(MACHO,例如白矮星或中子星),甚至可能是黑洞。

然而,近年來對星系形成的研究,導致宇宙學家相信暗物質必定有很大部分和普通物質不同。它們或許是非常輕的基本粒子,例如軸子或微子,甚至可能包含更怪異的粒子種類,例如「大質量弱作用粒子」(WIMP,粒子物理所預測的一類粒子,可是至今未有任何實驗證據)。

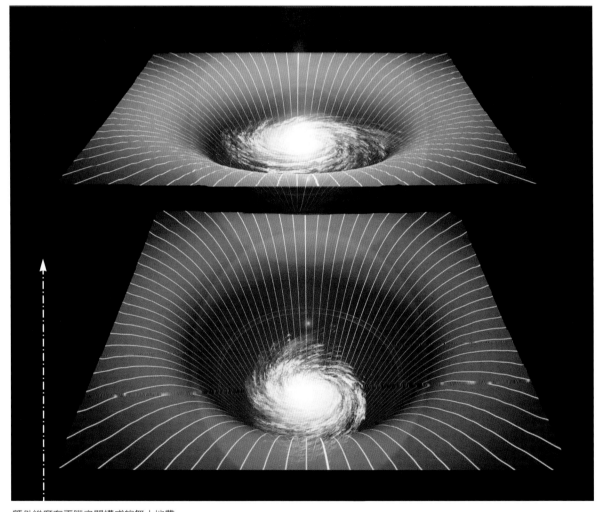

額外維度在兩膜之間構成的無人地帶

（圖7.13）
我們看不見位於影子膜上的影子星系，是因為光線無法穿過額外維度，然而重力卻可以。因此，暗物質（我們看不見的物質）會影響銀河系的自轉。

　　這些失蹤質量可能源自我們這個世界的某些古怪粒子，例如「大質量弱作用粒子」或「軸子」（一種非常輕的基本粒子）。但是，失蹤質量也可能是影子世界存在的證據。或許那個世界上有一群影子人類，為了解釋影子恆星環繞影子星系中心的軌道，而懷疑有些質量似乎從他們的世界失蹤了（圖7.13）。

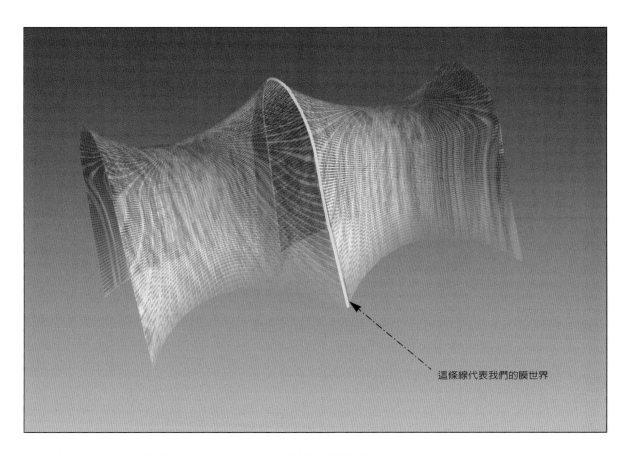

這條線代表我們的膜世界

　　額外維度不一定終止於另一片膜，它們也可能無限延展
卻極度彎曲，就像馬鞍那樣（圖7.14）。阮達爾與桑卓姆曾
經證明，這種彎曲會產生彷彿有另一片膜的效應。此時，膜
上物體產生的重力會局束在膜上一個小區域，不會沿著額外
維度擴散到無限遠處。正如在「影子膜模型」中那樣，長距
離重力場會以正常速率遞減，因而得以解釋行星軌道與實驗
室所測得的重力；可是在短距離上，重力的遞減則會比較迅
速。

　　然而，在「阮桑模型」與「影子膜模型」之間有個重大
差異。受重力作用而運動的物體會產生重力波——在時空中
以光速傳遞的曲率漣漪。就像電磁波一樣，重力波應該會攜

（圖7.14）
阮桑模型中只有一片膜（圖中僅用
一維代表）。其中額外維度都能延
展到無限遠，但是一律像馬鞍般彎
曲。正是由於這個曲率，膜上物質
產生的重力場無法在額外維度中擴
散太遠。

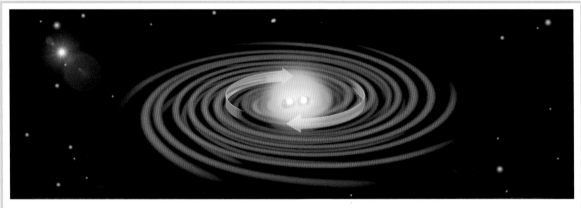

兩顆緻密中子星互相環繞並逐漸接近

脈衝雙星PSR1913+16
自1975年以來的記錄

（縱軸標籤）PSR1913+16的軌道週期自一九七五年以來的變化

（圖表橫軸）1975　1980　1985　1990　年

脈衝雙星

根據廣義相對論的預測，在重力影響下運動的天體會發射重力波。就像光波一樣，重力波也會從發射源帶走能量。然而，通常這種能量流失率極小，因此非常難以觀測。舉例而言，地球由於發射重力波，因此逐漸接近太陽，可是要等到10^{27}年之後，地球和太陽才會相撞。

可是在1974年，哈爾斯和泰勒發現了脈衝雙星PSR1913+16，它是兩顆互相環繞的緻密中子星，最小距離約等於太陽半徑而已。根據廣義相對論，快速運動意味著這組雙星的軌道週期遞減極快，因為它們會發射強大的重力波。結果廣義相對論所預測的週期變化，十分符合哈爾斯和泰勒仔細觀測的軌道參數，亦即自1975年以來，週期已經縮短超過十秒。由於這項支持廣義相對論的證據，他們兩人於1993年榮獲諾貝爾物理獎。

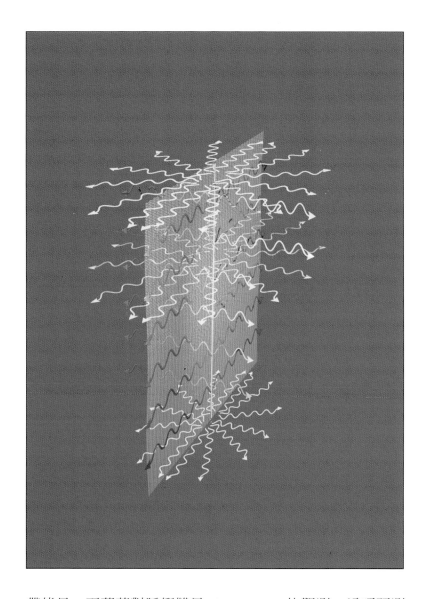

帶能量。而藉著對脈衝雙星PSR1913+16的觀測,這項預測
已經獲得證實。

假如我們的確活在十維或十一維時空的一片膜上,膜上
物體運動所產生的重力波會傳入那些額外維度。又假如附近
另有一片影子膜,那些重力波就會被反射回來,困在兩膜之
間。另一方面,倘若阮桑模型是正確的,亦即這樣的膜只有
一個,而且額外維度全部無限延展,那麼重力波就能逃之夭

(圖7.15)
在阮桑模型中,短波長的重力波會
將膜上的能量帶走,導致能量守恆
定律看似不再成立。

夭，並且將我們這個膜世界的能量帶走一些（參見第191
頁，圖7.15）。

　　這似乎破壞了物理學基本原理之一，所謂的能量守恆定
律：系統中的總能量永遠不變。然而，它看來會違反這項定
律，只是因為我們的視野局限在這片膜上。對於看得見額外
維度的天使而言，能量其實並沒有減少，只是散得更開而
已。

　　由互繞的兩顆恆星所產生的重力波，其波長遠大於額外
維度上的（馬鞍型）曲率半徑。這就代表說，這些重力波會
像重力一樣，傾向於局束在膜上一個小區域，不會擴散太多
到額外維度裡，也不會從膜上帶走太多能量。另一方面，重
力波倘若波長小於額外維度的彎曲尺度，就會很容易逃離膜
的掌握。

　　短重力波並不普遍，唯一的充足來源可能就是黑洞。膜
上的黑洞會延伸到額外維度，構成那些維度中的黑洞。黑洞
假如夠小，便會近似球形；亦即它在膜上有多大，延伸到額
外維度就有多深。另一方面，膜上的較大黑洞則會延伸成一
個扁扁的「黑餅」。這個扁形黑洞局限在膜的附近，在額外
維度中的厚度遠小於在膜上的寬度（圖7.16）。

　　我在第四章曾經解釋，量子理論告訴我們黑洞並不完全
黑，它們像有溫度的物體一樣，會發射各種粒子與輻射。這
些粒子與輻射會沿著膜發射，因為物質與任何非重力作用力
（例如靜電力）都會局束在膜上。然而，黑洞也會發射重力
波。這些重力波不會局束在膜上，它們在額外維度中也照樣
傳播。假如黑洞夠大、像個薄餅，那麼重力波會留在膜的附
近。這就代表說，這種黑洞的能量流失率（根據$E=mc^2$，質

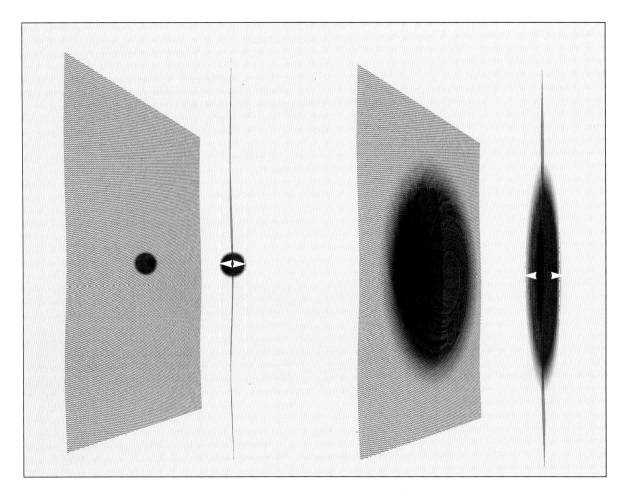

量也同時流失）與四維時空黑洞的流失率一樣。因此這種黑
洞會慢慢蒸發、慢慢縮小，最後會小於馬鞍型額外維度的曲
率半徑。到那個時候，這個黑洞發射的重力波便開始逃逸到
額外維度中。對膜上的觀測者而言，這個黑洞（或是米契爾
所謂的「暗恆星」，參見第四章）就好像是在發射「暗輻射」
——這種輻射不能在膜上直接觀測到，卻能從黑洞正在流失

（圖7.16）
我們這個膜世界的黑洞會延伸到額
外維度中。黑洞倘若很小，延伸到
額外維度的部分就幾乎是球形。然
而黑洞若是夠大，就會在額外維度
中形成一個圓餅狀的黑洞。

（圖7.17）膜世界的形成可能類似滾水中出現汽泡的現象

質量的事實推測其存在。

　　這意味著一個黑洞蒸發到最後階段時，噴出的輻射看來並沒有實際上那麼強烈。我們從未觀測到可解釋為源自垂死黑洞的加瑪射線，有可能就是這個緣故。不過，這件事另有一個比較平凡的解釋，那便是按照宇宙目前的年齡，還沒有多少黑洞具有足夠小的、可導致明顯蒸發的質量。

　　「膜世界黑洞」所發出的輻射，源自量子起伏使得粒子在膜上忽現忽隱，可是膜也和宇宙萬物一樣，本身同樣具有量子起伏。這些起伏能導致有些膜自動出現、有些膜自動消失。一個膜世界的量子式創生，有點像滾水中形成汽泡。在液態水中，幾兆兆個水分子擠在一起，相鄰水分子間一律手拉著手。水溫升高後，水分子運動變快，便開始互相撞擊。這些碰撞偶爾會帶給水分子很高的速度，讓一群水分子掙脫鍵結，形成水中的一個小汽泡。然後，這個汽泡會以隨機的方式長大（更多的液態水分子變成蒸氣）或是縮小（有些蒸氣變回液態水分子）。大多數小汽泡最後會還原成液體，少數卻會長到某個臨界體積。而在超過臨界體積後，汽泡幾乎一定會繼續成長。水煮開的時候，我們看到的正是這些逐漸擴大的大汽泡（圖7.17）。

　　膜世界的行為與上述現象類似。由於測不準原理，膜世界得以像汽泡一樣憑空出現。這種「膜泡」的表面就是膜世界，內部則是高維空間。那些非常小的膜泡會傾向於回歸空無，可是藉著量子起伏長大到某個臨界體積的膜泡，就很可能會繼續長大。像我們這樣活在膜泡表面的人，會認為宇宙正在擴張。這就好像在一個氣球上畫許多星系，然後把氣球吹脹。那些星系會彼此分離，卻沒有任何星系可以當擴張中心。但

願沒有誰拿一根宇宙級的針，打算把這個氣球刺破。

根據第三章提到的無邊界假設，膜世界的自發創生會在虛數時間上對應一個歷史。這個歷史的幾何形狀像個胡桃殼，亦即是個四維球面，有點像地球表面，但是多出兩個維度。不過這兩者有個重大差別，第三章的胡桃殼其實是空心的──那個四維球面不是任何東西的邊界，而M理論預測的其他六、七維空間會捲成比胡桃殼更小。然而，在這個新的膜世界模型中，胡桃殼裡面是實心的──我們這個膜世界的虛數時間歷史不但是個四維球面，還是一個五維膜泡的邊界，其他五、六個維度則捲成非常小（圖7.18）。

這個虛數時間中的歷史，會決定膜在實數時間中的歷史。在實數時間中，膜會以加速暴脹的方式擴張，就像第三章描述的那樣。一個絕對平滑、完美球形的胡桃殼，會是那個膜泡在虛數時間中最可能的歷史，然而在實數時間中，它會對應一個永遠以暴脹方式擴張的膜。在這樣的膜上，不會有任何星系形成，因此不會發展出智慧生命。另一方面，那些並非絕對平滑和絕對球形的虛數時間歷史，雖然具有比較低的機率，可是它們在實數時間所對應的，則是這片膜起初有個加速擴張期，然後會開始慢下來。這段減速擴張期就可能形成星系，也可能發展出智慧生命。因此，根據第三章提到的人本原理，智慧生命只可能觀測到有點凹凸的胡桃殼，因而會追問為何宇宙不是源自絕對平滑的狀態。

隨著膜的擴張，膜內的高維空間也會增大。最後，我們的膜世界會包圍著一個巨大的膜泡。可是我們真的活在這片膜上嗎？根據第二章提到的全像性，一個時空區域裡的一切資訊都能蘊含在它的邊界上。所以說，我們會認為自己活在

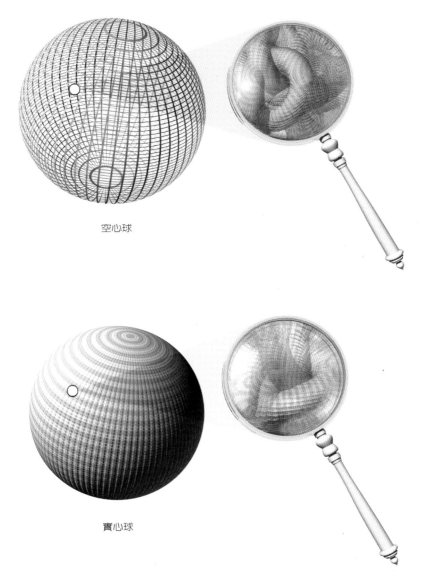

空心球

實心球

（圖7.18）
在膜世界模型中，宇宙的起源和第三章所說的不太一樣。
因為那個有點扁的四維球面（胡桃殼）不再是空心的，而
是被第五維空間填滿。

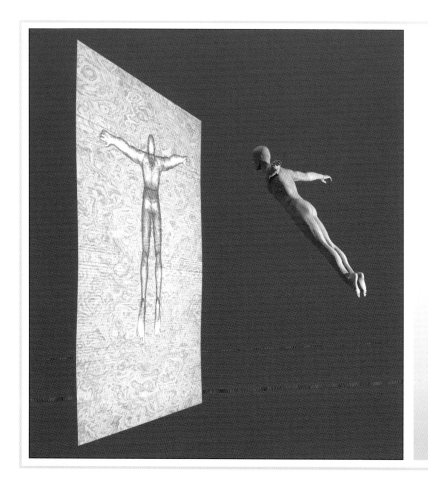

全像性
全像性是指三維空間中的資訊
蘊含在二維曲面上。重力似乎
具有全像性,因爲黑洞內在態
的數目可用事件視界的面積來
度量。而膜世界模型中的全像
性,則是四維世界中和高維世
界中的量子態一對一的對應關
係。就實證主義觀點而言,我
們無法分辨哪個描述比較基
本。

一個四維世界中,可能是因爲我們都是投射在膜上的影
子,忠實反映出膜泡內部所發生的一切。

　　然而,從實證主義觀點來看,我們不能問「膜」
和「膜泡」何者眞實。這兩者皆爲描述觀測結果的數
學模型,我們可以視情況自由選用。至於膜泡的外面
是什麼?總共有幾個可能性(圖7.19):

　　一、外面可能什麼都沒有。雖然汽泡外面包圍著水,但

（圖7.19）

1. 一個膜泡內部擁有高維空間，外面則什麼都沒有。

那只是一個類比，幫助我們把宇宙起源圖像化而已。我們可以想出一個數學模型，是包圍高維空間的一片膜，但是它外面空無一物，連真空都沒有。我們不必管外面是什麼，也能計算出這個數學模型有些什麼預測。

二、我們可以造出另一個數學模型，其中一個膜泡的外部黏著另一個類似膜泡的外部。其實在數學上，這個模型和上述的模型等價，兩者的差別只是心理上的：人人喜歡活在時空的中心，而不喜歡待在邊緣。但是對一名實證主義者而言，模型一與模型二並沒有差別。

視為等同

2. 一個膜泡的外部黏到另一個膜泡外部

三、這個膜泡向外擴張，而外面並非其內部的鏡像。這個模型與上述兩者不同，反而比較接近滾水的例子。除了這個膜泡，還可能有其他膜泡形成並擴張。假如有個膜泡撞過來，和我們這個膜泡合併，就可能造成空前的大災難。甚至有人推測，大霹靂或許就是兩個膜泡相撞的結果。

如今，這些膜世界模型是熱門的研究題目。雖說是高度臆測性的理論，它們卻能提出一些可用觀測來檢驗的嶄新預測。例如，它們能解釋重力為何顯得這麼微弱——雖然在基本理論中重力可能相當強，但由於它擴散到額外維度中，因而在我們置身的這片膜上，大尺度的重力效應減弱許多。

這個說法所導致的結論之一，就是蒲郎克長度（在不會創造出黑洞的情況下，我們所能探測的最小距離）會比原先根據四維膜的弱重力所估計的大許多倍。或許最小的那個俄羅斯娃娃並沒有那麼小，或許未來的粒子加速器就找得到。事實上，假使美國沒有在一九九四年因為叫窮而取消蓋到一半的「超導超級對撞機」，搞不好我們已經發現這個最小的娃娃，也就是最基本的蒲郎克長度。幸好還有別的粒子加速器正在建造，例如位於日內瓦的「大型強子對撞機」（參見第200頁，圖7.20）。利用這些加速器，再加上諸如對宇宙微

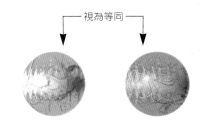

3. 一個膜泡向外面擴張，但這個「外面」並非其內部的鏡像。在這種情況下，還能有其他的膜泡生成和擴張。

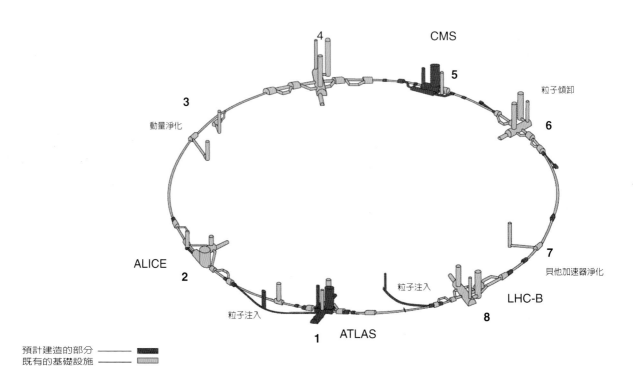

CMS

4

3
動量淨化

5

粒子傾卸

6

ALICE

2

7
貝他加速器淨化

粒子注入

粒子注入

LHC-B

1　ATLAS

8

預計建造的部分 ————
既有的基礎設施 ————

（圖7.20）
瑞士日內瓦「大型電子正子對撞機」(LEP)隧道的設計圖，顯示可挪用為「大型強子對撞機」的既有基礎設施，以及預計建造的部分。

波背景輻射的觀測，我們或許就能確定自己是不是活在一片膜上。假如答案是肯定的，想必是因爲人本原理從M理論所允許的眾多宇宙中挑選出膜世界這個模型。在莎士比亞的《暴風雨》中，女主角米蘭達說過一句名言，我們大可改寫如下：

喔，美麗的膜世界，
裡面無奇不有。

這就是胡桃裡的宇宙。

名詞解釋 （依中文筆劃序）

M理論 (M-theory)：在單一架構下統一五種超弦理論以及超重力的理論，不過我們對這個理論尚未完全瞭解。

p維膜 (p-brane)：參見「膜」。

一統理論 (unified theory)：以單一架構描述各種作用力與各種粒子的理論。

人本原理 (anthropic principle)：解釋「宇宙為什麼是這個樣子」的學說。根據人本原理，假使宇宙是另一個樣子，我們就根本不會存在，自然看不到那樣的宇宙。

力場 (force field)：傳遞作用力的場。

大一統理論 (Grand Unification Theory)：統一電磁力、強核力與弱核力三者的理論，統稱為「大一統理論」。

大崩墜 (big crunch)：宇宙最終命運的幾種可能之一，那時所有的空間與物質擠壓在一起，形成一個奇異點。

大霹靂 (big bang)：創生宇宙的那個奇異點，時間大約在一百五十億年前。

干涉圖樣 (interference pattern)：兩個或多個來自不同地點或不同時間的波，在重疊後所產生的圖樣。

不相容原理 (exclusion principle)：兩個相同的費米子不能擁有完全相同的量子態，稱為不相容原理。

中子 (neutron)：一種與質子非常相似卻不帶電的粒子，在原子核中約佔半數。中子由三個夸克組成，即兩個下夸克與一個上夸克。

反粒子 (antiparticle)：每一種粒子都有相對應的反粒子，倘若粒子與其反粒子碰撞，兩者就會互相毀滅，轉變成一股能量。極少數粒子自己是自己的反粒子，例如光子。

太初黑洞 (primordial black hole)：早期宇宙所產生的微型黑洞。

日食 (solar eclipse)：月球剛好來到地球與太陽之間，將日光遮住，在地球上造成幾分鐘的黑暗，這個過程稱為日食。一九一九年，西非洲的一次日食讓廣義相對論得到無可置疑的驗證。

牛頓萬有引力定律 (Newton's universal theory of gravity)：牛頓發現任何兩個物體之間都有一種吸引力，大小正比於兩者質量的乘積，反比於兩者距離的平方。如今，這個定律已被更準確的廣義相對論取代。

牛頓運動定律 (Newton's laws of motion)：根據絕對空間與絕對時間的概念，描述物體運動的三大定律。在愛因斯坦發表狹義相對論之前，這三大定律是至高的真理。

以太 (ether)：一種假想的非物質介質。物理學家曾經假設以太充滿整個空間，是電磁輻射所需的介質，但這種假設早已站不住腳。

加速度 (acceleration)：物體的速率改變率或是運動方向改變率。

卡西米爾效應 (Casimir effect)：在真空中，兩片平行金屬板若靠得非常近，彼此會產生一股吸力，此

現象稱爲「卡西米爾效應」。這是因爲在金屬板之間的空間中，虛粒子的產生受到抑制。

去氧核糖核酸(DNA, deoxyribonucleic acid)：由去氧核糖核苷酸所組成的長鏈聚合物，爲遺傳資訊的攜帶者。通常結構爲互相糾纏的雙鏈，其中一條鏈的嘌呤（腺嘌呤或鳥嘌呤）與另一條的嘧啶（胞嘧啶或胸嘧啶）藉著氫鍵維持雙螺旋結構，遺傳資訊即編碼在「嘌呤－嘧啶」鹼基對序列中。

古典理論(classical theory)：並未用到相對論或量子力學，完全根據兩者出現前的物理觀念所建立的理論。古典理論假設物體具有明確定義的位置與速度，但根據海森堡的測不準原理，這個假設在非常小的尺度上並不正確。

巨觀(macroscopic)：肉眼看得見的尺度統稱爲巨觀尺度。通常0.01公厘以上的尺度是巨觀，低於這個尺度則稱爲微觀。

正子(positron)：電子的反粒子，本身帶正電荷。

光子(photon)：光的量子，亦即電磁場的最小單位。

光年(light year)：光波在眞空中行進一年的距離，約等於九‧四六兆公里。

光秒(light second)：光波在眞空中行進一秒的距離，約等於三十萬公里。

光電效應(photoelectric effect)：某些金屬暴露在光線下，表面會射出電子的現象。

光錐(light cone)：時空中的一個三維曲面。針對某個事件，光錐將時空分割成過去、現在與未來三部分。

光譜(spectrum)：將各種頻率的光波依照大小排列起來，便構成一個光譜。彩虹就是太陽光譜的可見光部分。

全像原理(holographic principle)：一個物理系統倘若存在於某個時空區域中，它的量子資訊會全部蘊含在這個時空區域的邊界。這個現象類似雷射光形成的全像，因此稱爲全像原理。

夸克(quark)：能感受強核力的一族帶電基本粒子，總共有六種「風味」（上、下、魅、奇、頂、底），以及三種「色彩」（紅、綠、藍）。

宇宙弦(cosmic string)：一種很長、很重、截面積很小的物件，可能是早期宇宙的產物。如今，一條宇宙弦可能跨越整個宇宙。

宇宙常數(cosmological constant)：愛因斯坦當年爲了要讓宇宙具有向外的推力，因而發明的一個數學項。有了宇宙常數，廣義相對論便能預測一個靜態的宇宙。

宇宙學(cosmology)：物理學的一支，將宇宙當成一個物理系統來作整體研究。

宇宙學標準模型(standard model of cosmology)：大霹靂理論結合「粒子物理標準模型」而構成的理論。

自由空間(free space)：完全沒有任何場的眞空區域，因此不受任何力的作用。

自旋(spin)：基本粒子的一種內在性質，與普通的自轉有關，但並非真正的自轉。

迅子(tachyon)：超光速粒子的統稱，它們的質量一律是虛數。

阮桑模型(Randall-Sundrum model)：根據這個模型，我們的宇宙是個四維膜，位於一個負曲率（類似馬鞍）的無限五維空間中。

事件(event)：時空中的一點，由特定時間與特定空間所定義。

事件視界(event horizon)：即黑洞的邊界。光線或粒子倘若落在這個邊界內，便再也無法逃到遠方。

奇異點(singularity)：本書指在四維時空中，時空曲率無限大的那些點。

奇異點定理(singularity theorems)：霍金與潘洛斯證明的一組數學定理，內容是說在某些情況下，一定會存在一個奇異點（亦即廣義相對論失效的點）。而最重要的一個特例，就是宇宙必定誕生於奇異點。

定態(stationary state)：不隨時間改變的物理態。

弦(string)：一種一維幾何體，是弦理論中最基本的元素，取代了點狀基本粒子的概念。弦上的不同振動模式，對應於不同性質的基本粒子。

弦理論(string theory)：一種物理學理論，將粒子描述為弦上的波。利用弦理論的數學模型，可以統一量子力學與廣義相對論。

放射性(radioactivity)：一種原子核若會自發衰變，而變成另一種原子核，則稱之為具有放射性。

波函數(wave function)：薛丁格方程式的解稱為波函數，是量子力學的基礎。對一個粒子而言，波函數決定它在空間各點出現的機率。

波長(wavelength)：一個波的相鄰波峰或相鄰波谷的距離。

波粒二象性(wave/particle duality)：在量子力學中，波與粒子並沒有絕對的分別，粒子可以表現得像波，反之亦然，這種觀點稱為波粒二象性。

波幅(amplitude)：對一個波而言，波峰的高度或波谷的深度皆可稱為波幅，亦稱「振幅」。

空間維度(spatial dimension)：時空中共有三個「類空」維度，每一個都是空間維度。

初始條件(initial condition)：物理系統在起始時刻的狀態。

玻色子(boson)：具有整數自旋的（基本）粒子。

科學型命定性(scientific determinism)：拉普拉斯提出的一種機械式宇宙觀，認為只要對宇宙現狀有完整瞭解，便能百分之百預測未來，或是倒推過去任何時刻的狀態。

紅移(red shift)：由於都卜勒效應，輻射源（光源）倘若正在遠離觀測者，發出的輻射會顯得波長較長，這個現象稱為「紅移」。

重力(gravitational force)：即俗稱的萬有引力，是自然界四種基本作用力中最弱的一種。

重力波(gravitational wave)：重力場若以波動形式在空間中振盪或傳遞，其中的波動便稱為重力波。

重力場(gravitational field)：傳遞重力的場。

重量(weight)：重力場對物體所施的力量。物體的重量與質量成正比，但兩者不能混爲一談。

原子(atom)：普通物質最基本的單位，中央是質子與中子組成的微小原子核，周圍是一些電子。

原子核(nucleus)：原子的中心部分稱爲原子核，由一些質子與中子組成，兩者被強核力綁在一起。

弱核力(weak force)：自然界四種作用力中次弱的一種，有效範圍非常短。它對一切物質粒子都會產生作用，對傳遞力的粒子則不會。

時光迴圈(time loop)：封閉的「類時曲線」之俗稱。

時序保護猜想(chronology protection conjecture)：認爲許多物理定律加在一起，會阻止巨觀物體進行時光旅行的一種假設。

時空(spacetime)：三維空間與時間結合而成的四維空間，其中每個點都是一個「事件」。

時間膨脹(time dilation)：根據狹義相對論，對於運動中的觀測者，或是在強重力場中的觀測者，時間的「流速」都會變慢，這個現象稱爲「時間膨脹」。

核分裂(nuclear fission)：原子核分裂成兩個或多個較小的核，並釋放出能量的過程。

核融合(nuclear fusion)：兩個原子核在碰撞之後，結合成一個較大、較重的原子核，並釋放出能量的過程。

格拉斯曼數(Grassmann number)：不服從乘法交換律（A×B=B×A）的一種抽象數。對格拉斯曼

數而言，A×B=-B×A，亦即它們服從「反交換律」。

狹義相對論(special relativity)：愛因斯坦於一九〇五年提出的一個理論，基本假設爲在沒有重力場的情況下，物理定律對所有的觀測者（無論以什麼方式運動）都應該有相同形式。

眞空能(vacuum energy)：在眞空中仍然存在的能量。眞空能具有不同於一般質能的奇怪性質，它的存在會導致宇宙的擴張加速。

能量守恆(conservation of energy)：能量不能被創造也不能被毀滅，稱爲「能量守恆定律」。根據狹義相對論，能量守恆必須將質量的等效能量也考慮在內。

馬克士威場(Maxwell field)：即電磁場，而電場、磁場和光波都是它的特例。這種場可以振盪，也可以在空間中傳遞。

基本粒子(elementary particle)：咸信無法再分割的粒子，例如電子、夸克。

基態(ground state)：一個物理系統中，具有最低能量的量子態稱爲基態。

強核力(strong force)：自然界四種基本作用力中最強的一種，但有效範圍也最短。它讓夸克形成質子與中子，並讓質子與中子形成原子核。

捲曲維度(curled-up dimension)：高度捲曲的空間維度。由於它們捲成非常小，以致我們無法偵測出來。

粒子加速器(particle accelerator)：高能物理實驗的利器，能將帶電粒子加速到接近光速，讓它獲得很

高的動能。

粒子物理標準模型(standard model of particle physics)：一個統一的物理理論，對於電磁力、強核力、弱核力的本質以及它們對物質的作用提供統一的解釋。

蛀孔(wormhole)：時空中的細小管道，可連通宇宙中相距甚遠的區域。此外蛀孔也有可能連結平行宇宙或兩個嬰宇宙，並提供時光旅行的可能性。

速度(velocity)：描述物體運動速率與運動方向的物理量。

都卜勒效應(Doppler effect)：對任何一種波而言，觀測者與波源若有相對運動，所觀測到的波長（與相應的頻率）就會變長或變短，此即「都卜勒效應」。

閉弦(closed string)：弦的一種，形狀類似封閉迴圈。

凱氏溫標(Kelvin)：以「絕對零度」當作零點的一種溫標，約等於攝氏溫標加273度。

勞侖茲收縮(Lorentz contraction)：根據狹義相對論，運動物體沿著運動方向會顯得短一些，這個現象稱為「勞侖茲收縮」。

場(field)：遍布空間的物理量皆可稱為場。反之，粒子則是某個時刻只存在於某一點。

測不準原理(uncertainty principle)：海森堡提出的量子力學基本原理之一，認為絕對無法同時確定一個粒子的位置與速度。位置愈確定，速度就愈不確定，反之亦然。

無限大(infinity)：一種抽象的數學概念，例如沒有邊界的空間具有無限大的體積，1+2+3+4...具有無限大的和。

無邊界初始條件(no boundary condition)：在虛數時間中，宇宙的初始態是有限卻沒有邊界的，這種初始條件稱為無邊界（初始）條件。

絕對時間(absolute time)：亦稱「普適時間」，即整個宇宙通用的時間，但愛因斯坦的相對論證明這種時間並不存在。

絕對零度(absolute zero)：即「凱氏溫標零度」，約等於攝氏零下273度，是理論上的最低溫度，但實際上只能無限接近。在這個溫度下，物質不含有任何熱能。

虛粒子(virtual particle)：在量子力學中，粒子在某些情況下不可能直接偵測到，不過卻會導致可觀測的效應，此時這些粒子統稱為「虛粒子」。

虛數(imaginary number)：一種抽象的數學結構，每個虛數的平方都是一個負數。實數與虛數可想像成平面上的座標，因此虛數與實數互相垂直。

虛數時間(imaginary time)：利用虛數標示的時間，在宇宙學中有特殊的物理意義。

費米子(fermion)：具有半整數自旋的（基本）粒子。

超重力(supergravity)：統一廣義相對論與超對稱的理論，總共有好幾種。

超對稱(supersymmetry)：玻色子與費米子之間的一種對稱性。任何玻色子都有一個假想的費米子與之對應，反之亦然。

量子(quantum, quanta)：在物體發射或吸收波的過程中，發射量或吸收量的最小單位稱爲量子。某些物理量在古典物理中爲連續值，在量子理論中只能擁有離散值，這些物理量的基本單位亦稱量子。

量子力學(quantum mechanics)：以蒲郎克的量子假說與海森堡的測不準原理爲出發點，所發展出來的一套物理理論，適用於非常小的物件，例如原子、質子等等。

量子重力(quantum gravity)：結合量子力學與廣義相對論的理論，目前尚未完全成功。

黑洞(black hole)：一種特殊的時空區域，由於它內部重力太強，任何東西都無法逃離，連光線也不例外。

微子(neutrino)：一族不帶電荷、只能感受弱核力與重力的粒子，可細分爲三種。

微波背景輻射(microwave background radiation)：早期高溫宇宙所發出的熱輻射。經過高度的紅移，這些輻射如今不再是可見光，而成了波長數公分的微波。

暗物質(dark matter)：宇宙中無法直接觀測到的物質，不過我們卻能偵測到它們的重力場。暗物質存在於星系或星系團內，也有可能在星系團之間。整個宇宙中，百分之九十的物質都是暗物質。

楊密理論(Yang-Mills theory)：馬克士威電磁場理論的一種延伸，可以描述弱核力以及強核力的交互作用。

電子(electron)：帶有負電荷、在原子中環繞原子核的粒子。

電荷(electric charge)：粒子的基本性質之一，是電與磁的根源。具有電荷的粒子會排斥具有相同電荷的粒子，並會吸引具有相反電荷的粒子。

電磁力(electromagnetic force)：具有電荷的粒子之間所產生的作用力，是自然界四種基本作用力中次強的一種。

電磁波(electromagnetic wave)：電磁場若以波動方式在空間中振盪或傳遞，這種波動便稱爲電磁波。無線電波、微波、紅外線、光波、紫外線、X射線、加瑪射線都是不同頻率的電磁波，一律是以光速傳遞。

實證主義進路(positivist approach)：利用數學模型描述並解釋實驗或觀測結果，並不討論模型本身是否眞有意義，這種科學方法稱爲實證主義進路。

對偶性(duality)：兩個看來不同的理論若能導致相同的物理結果，兩者間的對應就稱爲對偶性。

磁場(magnetic field)：傳遞磁力作用的場。

蒲郎克長度(Planck length)：空間最基本的長度，大約等於$1.6×10^{-35}$公尺。在弦理論中，蒲郎克長度是弦的典型寬度。

蒲郎克時間(Planck time)：時間最基本的長度，大約等於$5.3×10^{-44}$秒，即光線跨越蒲郎克長度所需的時間。

蒲郎克常數(Planck's constant)：通常以 $\hbar$ 表示，是測不準原理的基石——位置不準度與動量不準度的乘積一定不小於它的一半。

蒲郎克量子假說(Planck's quantum hypothesis)： 認爲電磁波（例如光線）只能以離散形式發射與吸收的一項假說，後來經過證實，成爲量子力學的基礎。

裸奇異點(naked singularity)： 未被黑洞包圍的時空奇異點，因此遠方的觀測者也看得到。

廣義相對論(general relativity)： 愛因斯坦所提出的一個理論，主要根據是無論觀測者如何運動，物理定律對他們應該有相同形式。廣義相對論的最大特點，是以四維時空的曲率來解釋重力。

摩爾定律(Moore's law)： 主張「電腦的能力每十八個月增加一倍」的定律，但顯然不可能永遠正確。

暴脹(inflation)： 極早期宇宙中一小段加速擴張的時期，在此期間宇宙尺度大幅增加。

熱力學(thermodynamics)： 古典物理學的一支，以巨觀角度研究能、熱、功、熵等物理量之間的關係。熱力學的基石爲熱力學第○、第一、第二及第三定律。

熱力學第二定律(second law of thermodynamics)： 熱力學基本定律之一，有許多等價的說法，例如（一）熱量不可能自動由低溫物質流向高溫物質；（二）熱量不可能完全轉化爲功；（三）孤立系統的熵絕不會降低。

熵(entropy)： 度量物理系統中無序程度的物理量。在巨觀不變的條件下，系統擁有的微觀組態數正比於其熵值。

膜(brane)： M理論的基本元素，具有許多不同的空間維度。一般來說，p維膜是一個p維幾何體，例如一維膜就是弦，二維膜就是面膜。

膜世界(brane world)： 宇宙可視爲高維時空中的四維曲面，這樣的四維膜稱爲膜世界。

質子(proton)： 一種與中子非常相似卻帶正電的粒子，在原子核中約佔半數。質子由三個夸克組成，即兩個上夸克與一個下夸克。

質量(mass)： 物體含有物質的多寡。質量也代表物體的慣性，即物體在自由空間中抵抗加速的傾向。

輻射(radiation)： 攜帶能量的波或粒子在空間或介質中傳遞的現象。

頻率(frequency)： 對任何週期運動而言，每秒的週數稱爲頻率，例如波的頻率就是每秒的振盪數。

薛丁格方程式(Schrödinger equation)： 支配波函數演化方式的方程式，是量子力學最基本的方程式。

藍移(blue shift)： 由於都卜勒效應，輻射源若向觀測者移動，發出的輻射就有波長變短的現象，通稱爲「藍移」。

邊界條件(boundary condition)： 廣義的說法，是物理系統在時間或空間邊界上的狀態。

觀測者(observer)： 測量一個系統之物理性質的人或裝置，皆可稱爲觀測者。

延伸閱讀

與本書相關的科普讀物多如繁星，有的非常精采（例如The Elegant Universe），也有的不忍卒睹。爲了讓讀者體會第一手經驗，下面我所列的幾本書，一律出自對該領域有重大貢獻的作者。若因個人的疏忽而造成遺珠之憾，我要在此表達誠摯的歉意。至於「深度閱讀」書單，則是提供給想要鑽研這些專業領域的讀者。

Einstein, Albert. *The Meaning of Relativity,* Fifth Edition.
Princeton: Princeton University Press, 1966.

Feynman, Richard. *The Character of Physical Law.*
Cambridge, Mass: MIT Press, 1967.（中譯本由天下文化出版）

Greene, Brian. *The Elegant Universe: Superstrings, Hidden Dimensions, and the Quest for the Ultimate Theory.*
New York, W.W. Norton & Company, 1999.（中譯本由台灣商務印書館出版）

Guth, Alan H. *The Inflationary Universe: The Quest for a New Theory of Cosmic Origins.*
New York: Perseus Books Group, 2000.

Rees, Martin J. *Our Cosmic Habitat.*
Princeton: Princeton University Press, 2001.

Rees, Martin J. *Just Six Numbers: The Deep Forces that Shape the Universe.*
New York: Basic Books, 2000.（中譯本由天下文化出版）

Thorne, Kip. *Black Holes and Time Warps: Einstein's Outrageous Legacy.*
New York: W.W. Norton & Company, 1994.

Weinberg, Steven. *The First Three Minutes: A Modern View of the Origin of the Universe,* Second Edition.
New York: Basic Books, 1993.（中譯本由牛頓出版）

深度閱讀

Hartle, James. *Gravity: An Introduction to Einstein's General Relativity.*
Reading, Mass.: Addison-Wesley Longman, 2002.

Linde, Andrei D. *Particle Physics and Inflationary Cosmology.*
Chur, Switzerland: Harwood Academic Publishers, 1990.

Misner, Charles W., Kip S. Thorne, John A. Wheeler. *Gravitation.*
San Francisco: W. H. Freeman and Company, 1973.

Peebles, P. J. *Principles of Physical Cosmology.*
Princeton, New Jersey: Princeton University Press, 1993.

Polchinski, Joseph. *String Theory: An Introduction to the Bosonic String.*
Cambridge: Cambridge University Press, 1998.

Wald, Robert M. *General Relativity.*
Chicago: University of Chicago Press, 1984.

圖片授權說明

page 3, 19: Courtesy of the Archives, California Institute of Technology. Albert Einstein™ Licensed by The Hebrew University of Jerusalem, Represented by the Roger Richman Agency Inc., www.albert-einstein.net; **page 5**: AKG Photo, London; Albert Einstein™ Licensed by The Hebrew University of Jerusalem, Represented by the Roger Richman Agency Inc., www.albert-einstein.net; **page 13**: Courtesy Los Alamos National Laboratory; **page 23**: Courtesy Science Photo Library; **page 26**: Albert Einstein™ Licensed by The Hebrew University of Jerusalem, Represented by the Roger Richman Agency Inc., www.albert-einstein.net; **page 27**: Photo by Harry Burnett/courtesy of the Archives, California Institute of Technology. Albert Einstein™ Licensed by The Hebrew University of Jerusalem, Represented by the Roger Richman Agency Inc., www.albert-einstein.net; **page 55**: Courtesy Neel Shearer; **page 68**: Courtesy Space Telescope Science Institute (STScI)/NASA; **page 69**: Prometheus bound with an eagle picking out his liver, black-figure vase painting, Etruscan. Vatican Museums and Galleries, Vatican City, Italy/Bridgeman Art Library; **page 70**: Spiral galaxy NGC 4414 photo courtesy Hubble Heritage Team, STScI/NASA; Spiral bar galaxy NGC 4314 photo courtesy University of Texas et al., STScI/NASA; Elliptical galaxy NGC 147 photo courtesy STScI/NASA; Milky Way photo courtesy S.J. Maddox, G. Efstathiou, W. Sutherland, J. Loveday, Department of Astrophysics, Oxford University; **page 76**: Courtesy Jason Ware, galaxyphoto.com; **page 77**: Courtesy of The Observatories of the Carnegie Institution of Washington; **page 83**: Photo by Floyd Clark/courtesy of the Archives, California Institute of Technology; **page 107**: Courtesy Neel Shearer; **page 112**: Courtesy NASA/Chandra X-Ray Center/Smithsonian Astrophysical Observatory/H. Marshall et al.; **page 113**: Courtesy STScI/NASA; **page 116**: Courtesy STScI/NASA; **page 133, 153**: Copyright California Institute of Technology; **page 147**: Courtesy Neel Shearer; **page 162**: From *The Blind Watchmaker* by Richard Dawkins, New York: W.W. Norton & Company, 1986; **page 168**: Hubble Deep Field courtesy R. Williams, STScI/NASA; **page 169**: "INDEPENDENCE DAY" ©1996 Twentieth Century Fox Film Corporation. All rights reserved.; E.T. still: Copyright © 2001 by Universal Studios Publishing Rights, a Division of Universal Studios Licensing, Inc. All rights reserved.; **page 195**: Courtesy Neel Shearer.

All original illustrations not credited above have been created for this book by
Malcolm Godwin of Moonrunner Design Ltd., UK.

譯後記

　　宇宙學可算是一門最古老的學問，卻也是今日最尖端的科學之一。尤其近幾年的發展，簡直是高深奧妙、匪夷所思至於極點。對於有興趣一窺當代宇宙學堂奧的讀者，相信本書絕對會讓您大開眼界。

　　科普翻譯的一大困難是專有名詞，這是因為科技名詞的中譯始終是個大問題。台灣沒有硬性規定的統一版本，百家爭鳴的結果往往令人無所適從。大陸方面的譯名定於一尊，雖然具有唯一性的優點，卻常會出現無法挽回的錯誤。例如在宇宙學中，我們就能看到「引力不一定是引力，有些情況下也會是斥力」的驚人之語。事實上，中文版《時間簡史》當年會令許多讀者失望，這類古怪譯名要負一部分責任。話說回來，倘若您覺得該書根本不忍卒睹，那麼問題「肯定」出在譯者身上，千萬別讓原書或作者背黑鍋。（例如將兩岸統一的「時空」翻譯成「空間──時間」，就是譯者的獨見創獲。）

　　由於科技名詞大多是舶來品，台灣的翻譯慣例是在首次出現的名詞後面附加原文。然而本書由於圖文並茂，中文版字數有嚴格限制，所以我改為在書末附上盡可能完整的「中英名詞對照表」。雖然原文術語盡量採用意譯，例外卻是在所難免。比如說「M理論」的意義太過豐富，至少有「母理論」、「膜理論」、「謎理論」、「魔理論」幾種可能（請注意其中的巧合），因此中英夾雜是唯一的妥協之道。

　　在宇宙學名詞的翻譯上，東吳大學物理系郭中一教授曾經給我許多指導。郭教授在宇宙學上用功數十年，曾以中文發表過許多專論。本書所採用的好些譯名，都是沿用郭教授當年的創見。

　　身為當今的宇宙學泰斗，霍金最難能可貴之處，在於他能以深入淺出的筆法、流暢通順的文字，將本行的尖端知識介紹給一般大眾。不過，本書第六章討論演化的部分並非作者所長，因此難免出現一些「一家之言」。科普工作者王道還兄好心向我指出這一點，要我特別提醒讀者諸君注意。

　　最後我想介紹幾本優秀的科普翻譯作品，當作本書的補充讀物：「天下文化」的《愛因斯坦(上、下)》、《大霹靂》、《宇宙的詩篇》、《愛麗絲漫遊量子奇境》，「貓頭鷹」的《新世紀太空百科全書》、《從哈伯看宇宙》，以及「時報」的《電腦生命天演論》。假如本書令您知識胃口大開，這份書單或許是理性的下一步。

葉李華
二○○一年十月八日於新竹

中英名詞對照表（依中文筆劃序）　葉李華整理

人名

巴柏：Karl Popper(1902-1994，哲學家)

牛頓：Isaac Newton(1642-1727)

以斯列：Werner Israel(1931-)

加利略：Galileo Galilei(1564-1642)

卡西迪：Michael Cassidy(今人)

卡拉尼可夫：Isaac Khalatnikov(1919-)

瓦法：Cumrun Vafa(今人)

米契爾：John Michell(1724-1793，英國天文學家兼地質學家)

米蘭達：Miranda(文學人物)

艾弗：Ralph Alpher(1921-)

克里克：Francis Crick(1916-，1962年諾貝爾生理醫學獎得主)

希伯特：David Hilbert (1862-1943，數學家)

李夫席茲：Evgenii Lifshitz(1915-1985)

狄拉克：Paul Dirac(1902-1984，1933年諾貝爾物理獎得主)

阮達爾：Lisa Randall(今人)

拉普拉斯：Marquis de Laplace(1749-1827，數學家)

波多斯基：Boris Podolsky(1896-1966)

波耳：Niels Bohr(1885-1962，1922年諾貝爾物理獎得主)

哈托：Jim Hartle(1939-)

哈伯：Edwin Hubble(1889-1953，天文學家)

咕姆雷特：Hamlet(文學人物)

哈爾斯：Russell Hulse(1950-，1993年諾貝爾物理獎得主)

哈瑪遜：Milton Humason(1891-1972，天文學家)

威爾森：Robert Wilson(1936-，1978年諾貝爾物理獎得主)

施瓦氏：Karl Schwarzschild(1873-1916)

施溫格：Julian Schwinger
　　　　(1918-1994，1965年諾貝爾物理獎得主)

洛倫茲：Hendrik Lorentz
　　　　(1853-1928，1902年諾貝爾物理獎得主)

哥白尼：Nicolaus Copernicus(1473-1543，天文學家)

哥德爾：Kurt Gödel(1906-1978，數學家)

桑卓姆：Raman Sundrum(今人)

格羅斯曼：Marcel Grossman(1878-1936，數學家)

泰勒：Joseph Taylor(1941-，1993年諾貝爾物理獎得主)

海森堡：Werner Heisenberg
　　　　(1901-1976，1932年諾貝爾物理獎得主)

索恩：Kip Thorne(1940-)

馬克士威：James Clerk Maxwell(1831-1879)

勒梅特：Georges Lemaître(1894-1966)

密爾斯：Robert Mills(1927-1999)

康德：Immanuel Kant(1724-1804，哲學家)

莎士比亞：William Shakespeare(1564-1616，劇作家)

莫雷：Edward Morley(1838-1923)

惠勒：John Archibald Wheeler(1911-)

斯里弗：Vesto Slipher(1875-1969，天文學家)

斯楚明：Andrew Strominger(今人)

普羅米修斯：Prometheus(神話人物)

朝永振一郎：Shin'ichiro Tomonaga
　　　　(1906-1979，1965年諾貝爾物理獎得主)

湯森德：Paul Townsend(今人)

華生：James Watson(1928-，1962年諾貝爾生理醫學獎得主)

菲次吉拉：George Fitzgerald(1851-1901)

費因曼：Richard Feynman
　　　　(1918-1988，1965年諾貝爾物理獎得主)

費米：Enrico Fermi(1901-1954，1938年諾貝爾物理獎得主)

雅各：Jacob Einstein(1850-?，愛因斯坦的叔父)

愛因斯坦：Albert Einstein
　　　　(1879-1955，1921年諾貝爾物理獎得主)

愛爾莎：Elsa Finstein(1876-1936，愛因斯坦的第二任妻子)

楊振寧：Chen Ning Yang(1922-，1957年諾貝爾物理獎得主)

聖奧古斯丁：Saint Augustine(354-430，神學家)

道金斯：Richard Dawkins(1941-，生物學家)

達爾文：Charles Darwin(1809-1882，演化論奠基者)

蒲郎克：Max Planck(1858-1947，1918年諾貝爾物理獎得主)

蓋莫夫：George Gamow(1904-1968)

赫曼：Hermann Einstein(1847-1902，愛因斯坦的父親)

齊拉德：Leo Szilard(1898-1964)

歐本海默：Robert Oppenheimer(1904-1967)

歐幾里得：Euclid(約公元前三百年，數學家)

潘佳斯：Arno Penzias(1933-，1978年諾貝爾物理獎得主)

潘洛斯：Roger Penrose(1931-)

黎曼：Georg Friedrich Riemann(1826-1866，數學家)

霍金：Stephen Hawking(1942-)

薛丁格：Erwin Schrödinger
　　　　(1887-1961，1933年諾貝爾物理獎得主)

邁克生：Albert Michelson
　　　　(1852-1931，1907年諾貝爾物理獎得主)

羅斯福：Franklin D. Roosevelt(1882-1945，美國第卅二位總統)

羅森：Nathan Rosen(1909-1995)

蘭姆：Charles Lamb(1775-1834，文學家)

專有名詞

I型：Type I

IIA型：Type IIA

IIB型：Type IIB

DNA序列：DNA sequence

EPR想像實驗：Einstein-Podolsky-Rosen thought experiment, EPR thought experiment

E混雜型：Heterotic-E

M理論：M-theory

O混雜型：Heterotic-O

p維膜：p-brane

p維膜模型：p-brane model

一般性初始條件：generic initial condition

一統理論：unified theory

人本原理：anthropic principle，常誤稱「人擇原理」

人類基因組：human genome，亦稱「人類基因體」

力場：force field

十一維超重力：11-dimensional supergravity

下夸克：down quark

上夸克：up quark

大一統時期：Grand Unification Theory epoch, GUT epoch

大一統理論：Grand Unification Theory (GUT)

大型強子對撞機：LHC (Large Hadron Collider)

大型電子正子對撞機：LEP (Large Electron-Positron Collider)

大域結構：global structure

大崩墜：big crunch

大質量弱作用粒子：WIMP (weakly interacting massive particle)

大質量緻密暈體：MACHO (massive compact halo object)

大霹靂：big bang，常誤稱「大爆炸」

干涉：interference

干涉圖樣：interference pattern

干涉儀：interferometer

不完備性定理：incompleteness theorem

不明飛行物：UFO (Unidenfied Flying Object)，俗稱「幽浮」

不相容原理：exclusion principle

中子：neutron

中子星：neutron star

中央處理器：CPU (central processing unit)

今天暫時停止：Groundhog Day（電影片名）

介子：meson

內在態：internal state

公式：formula

公理：axiom

分子生物學：molecular biology

化學信使：chemical messenger

反交換：anticommute（動詞）

反夸克：antiquark

反物質：anitmatter

反粒子：aitiparticle

天主之城：De Civitate Dei（書名）

天擇：natural selection，亦稱「自然擇汰」

太古原子：primeval atom

太空梭：space shuttle

太初黑洞：primordial black hole

太陽系：solar system

尺度：scale

巴比倫五號：Babylon 5（電視影集）

日內瓦：Geneva（地名）

日食：solar eclipse，常誤稱「日蝕」

比差微波輻射計：DMR (Differential Microwave Radiometer)

牛頓物理（學）：Newtonian physics

牛頓重力定律：Newton's law of gravity

牛頓重力常數：Newton's gravitational constant

牛頓萬有引力定律：Newton's universal theory of gravity

牛頓運動定律：Newton's laws of motion

世界面：world sheet

世界線：world line

以太：ether

仙女座星系：Andromeda galaxy

加州理工學院：Caltech (California Institute of Technology)

加速：boost（非正式用法）

加速度：acceleration

加速器：accelerator

加瑪射線：gamma ray，亦稱「γ射線」

半古典理論：semiclassical theory

半塗銀鏡：half-silvered mirror

卡文迪西實驗：Cavendish experiment

卡文迪西實驗室：Cavendish Laboratory

卡西米爾效應：Casimir effect

去氧核糖核酸：DNA (deoxyribonucleic acid)

213

貝里斯：Belize（國名）

迅子：tachyon，亦稱「速子」

阮桑模型：Randall-Sundrum model

事件：event

事件視界：event horizon

侏羅紀公園：Jurassic Park（電影片名）

受縛中子：bound neutron

受縛態：bound state

命定性：determinism

命定性系統：deterministic system

命定性演化：deterministic evolution

奇異點：singularity，亦稱「奇點」

奇異點定理：singularity theorems，亦稱「奇點定理」

定律：law

定態：stationary state

延展維度：extended dimension

弦：string

弦理論：string theory，亦稱「弦論」

放射性：radioactivity

放射性原子：radioactive atom

波函數：wave function

波長：wavelength

波茲曼常數：Boltzmann constant

波粒二象性：wave/particle duality

波幅：amplitude，亦稱「振幅」

物質：matter

物質密度：matter density

物質場：matter field

空間：space

空間維度：spatial dimension, dimension of space

初始條件：initial condition

初始態：initial state

表觀電荷：apparent charge

表觀質量：apparent mass

近未來：near future

長崎：Nagasaki（地名）

亮度：brightness

品系：strain

哈佛大學：Harvard University

哈伯太空望遠鏡：Hubble space telescope

哈伯定律：Hubble's law

哈伯常數：Hubble constant

哈伯望遠鏡：Hubble telescope

哈姆雷特：Hamlet（書名）

哈密頓算符：Hamiltonian operator

威爾遜山天文台：Mount Wilson Observatory

封閉曲面：closed surface

封閉迴路歷史：closed-loop history

恆星：star

恆星系：stellar system

指數式成長：exponential growth

星系：galaxy

星系團：cluster, cluster of galaxies

星雲：nebula

星際終結者：Independence Day（電影片名）

星艦劇集：Star Trek

洛沙拉摩斯：Los Alamos（地名）

玻色子：boson

相位：phase

相對運動：relative motion

相對論：relativity, theory of relativity

科學型命定性：scientific determinism

科學哲學：philosophy of science

秒差距：parsec (pc)

突變：mutation

紅移：red shift

約翰霍普金斯大學：Johns Hopkins University

美國天文學會：American Astronomical Society

背景輻射：background radiation

胡克耳望遠鏡：Hooker telescope

胞嘧啶：cytosine

重力：gravity, gravitation, gravitational force

重力阱：gravity well

重力波：gravitational wave

重力研究基金會：Gravity Research Foundation

重力能：gravitational energy

重力場：gravitational field

重力塌縮：gravitational collapse

重子：baryon

重恆星：massive star，亦稱「大質量恆星」

重量：weight

面膜：membrane（非正式用法）

倍增時間：doubling time

剛性旋轉：rigid rotation

原子：atom

原子物理（學）：atomic physics

原子核：nucleus

原子彈：atomic bomb

原星系：protogalaxy

哥丁根：Göttingen（德國地名）

哥本哈根：Copenhagen（地名）

哥德爾定理：Gödel's theorem

哥德爾解：Gödel solution

弱人本原理：weak anthropic principle

弱核力：week nuclear force, weak force

振盪：oscillation

振盪系統：oscillating system

時光旅行：time travel

時光旅行界限：time travel horizon

時光迴圈：time loop

時光機：time machine

時序保護猜想：chronology protection conjecture

時空：spacetime

時間皺紋：wrinkles in time

時間膨脹：time dilation

時間簡史：A Brief History of Time（書名）

核分裂：nuclear fission, fission

核反應：nuclear reaction

核物理（學）：nuclear physics

核結合能：nuclear binding energy

核酸：nucleic acid

核燃料：nuclear fuel

核融合：nuclear fusion

核融合反應：nuclear fusion reaction

格拉斯曼維度：Grassmann dimension

格拉斯曼數：Grassmann number

格拉斯曼變數：Grassmann variable

氣體雲：gas cloud

烏爾姆：Ulm（德國地名）

特徵譜：characteristic spectrum

特徵譜線：characteristic line

狹義相對論：special relativity, special theory of relativity

眞空：vacuum

眞空能：vacuum energy

眞空起伏：vacuum fluctuation

祖父弔詭：grandfather paradox

神經移植：neural implant

純粹理性之二律背反：antinomy of pure reason

胸嘧啶：thymine，亦稱「胸腺嘧啶」

脈衝雙星：binary pulsar

能量：energy

能量守恆：conservation of energy

能量密度：energy density

衰變：decay

退耦合：decouple（動詞）

迴圈歷史：closed-loop history

馬克士威場：Maxwell field

高能物理（學）：high-energy physics

高頻：high frequency

側向速度：sideways velocity

動力學：dynamics

動量：momentum

曼哈坦計畫：Manhattan Project

基本粒子：elementary particle, fundamental particle

基因碼：genetic code，俗稱「基因密碼」

基態：ground state

基態起伏：ground state fluctuation

密度：density

密度起伏：density fluctuation

強人本原理：strong anthropic principle

強子：hadron

強子輕子時期：hadron and lepton era

強核力：strong nuclear force, strong force

捲曲維度：curled-up dimension

旋臂：spiral arm

混沌理論：chaos theory，亦稱「渾沌理論」

深空影像：Deep Field

理論物理（學）：theoretical physics

粒子：particle

粒子加速器：particle accelerator

粒子物理（學）：particle physics

粒子物理標準模型：standard model of particle physics

粒子偵測器：particle detector

脫離速度：escape velocity

蛀孔：wormhole，俗稱「蟲洞」

連鎖反應：chain reaction

連續介質：continuous medium

速度：velocity

速率：speed

都卜勒效應：Doppler effect

都卜勒頻移：Doppler shift

閉弦：closed string

鳥嘌呤：guanine，亦稱「鳥糞嘌呤」

傑佛遜實驗室：Jefferson Laboratory

傑克遜維：Jacksonville（地名）

最低能量態：lowest energy state

凱氏溫標：Kelvin

凱斯應用科學學院：Case School of Applied Science

創生：creation

勞侖茲收縮：Lorentz contraction

單擺：simple pendulum

場：field

場方程式：field equation

幾何原本：The Elements（書名）

散射：scattering

普林斯頓：Princeton（地名）

普林斯頓大學：Princeton University

普林斯頓高等學術研究所：Institute for Advanced Study,
　　　　　　　　　　　　Princeton

普適時間：universal time

普適量：universal quantity

普魯士科學院：Prussian Academy of Science

棒旋星系：spiral bar galaxy

測不準原理：uncertainty principle

無限大：infinity

無邊界初始條件：no boundary condition

無邊界假設：no boundary proposal

猶翠特：Utrecht（荷蘭地名）

短蛀孔：shallow wormhole

等效性：equivalence

等效理論：effective theory

絕對空間：absolute space

絕對時間：absolute time

絕對溫度：absolute temperature

絕對零度：absolute zero

絕對靜止：absolute rest

虛粒子：virtual particle

虛數：imaginary number

虛數時間：imaginary time

視位置：apparent position

視界：horizon

視運動：apparent motion

費米子：fermion

超伴子：superpartner

超弦：superstring

超重力：supergravity

超重力理論：supergravity theory

超新星：supernova

超對稱：supersymmetry

超對稱弦理論：supersymmetric string theory

超對稱理論：supersymmetric theory

超對稱態：supersymmetric state

超導超級對撞機：SSC (Superconducting Super Collider)

軸子：axion

量子：quantum, quanta

量子力學：quantum mechanics

量子重力：quantum gravity

量子重力效應：quantum gravitational effect

量子效應：quantum effect

量子起伏：quantum fluctuation

量子假說：quantum hypothesis

量子理論：quantum theory

量子場論：quantum field theory

量子電動力學：quantum electrodynamics

量子態：quantum state

開放宇宙：open universe

黃色炸藥：TNT

黑洞：black hole

黑洞輻射：black hole radiation

黑洞熵：black hole entropy

圓柱面：cylinder

塌縮：collapse

微子：neutrino，俗稱「微中子」

微波背景：microwave background

微波背景輻射：microwave background radiation

微波輻射：microwave radiation

微觀尺度：microscopic scale

想像實驗：thought experiment，亦稱「臆想實驗」

愛因斯坦方程式：Einstein equations

愛因斯坦宇宙：Einstein universe

暗物質：dark matter，俗稱「黑暗物質」

暗恆星：dark star

楊密理論：Yang-Mills theory

楊密場：Yang-Mills field

毀滅：annihilation

溫度：temperature

碰撞：collision

萬有引力：universal gravitation

萬有理論：TOE (Theory of Everything)

經度：longitude

腺嘌呤：adenine

解：solution

資訊：information

路徑積分：path integral

過去光錐：past light cone

鈾235：U-235, uranium-235

鈾原子：uranium atom

電、電學：electricity

電子：electron

電子場：electron field

電子電路：electronic circuit

電子複雜度：electronic complexity

電子學：electronics

電弱時期：electroweak era

電動力學：electrodynamics

電荷：charge, electric charge

電場：electric field

電磁力：electromagnetic force

電磁波：electromagnetic wave

電磁場：electromagnetic field

電磁學：electromagnetism

電磁輻射：electromagnetic radiation

零點起伏：zero point fluctuation

像素：pixel

圖解版時間簡史：The Illustrated Brief History of Time（書名）

圖像：picture

圖像生命：biomorph

實數：real number

實數時間：real time

實證主義：positivism

實證主義進路：positivist approach

對偶性：duality

對稱、對稱性：symmetry

演化：evolution

磁、磁學：magnetism

磁場：magnetic field

精確解：exact solution

維（度）：dimension

蒲郎克長度：Planck length

蒲郎克時期：Planck era

蒲郎克時間：Planck time

蒲郎克常數：Planck constant

蒸發：evaporation

裸奇異點：naked singularity，亦稱「裸奇點」

銀河系：Galaxy, Milky Way galaxy, Milky Way system

銀河盤面：galactic plane

廣島：Hiroshima（地名）

廣視野行星照相機：wide-field planetary camera

廣義相對論：general relativity, general theory of relativity

彈性：elasticity

影子膜模型：shadow brane model

德西特解：de Sitter solution

慕尼黑：Munich（地名）

摩爾定律：Moore's law

數量級：order of magnitude

數學定理：mathematical theorem

暴風雨：The Tempest（書名）

暴脹：inflation，常誤稱「暴漲」

暴脹式擴張：inflationary expansion

暴脹期：inflation phase

熱力學：thermodynamics

熱力學第二定律：second law of thermodynamics

熱平衡：thermal equilibrium

熱輻射：thermal radiation

熱霹靂：hot big bang

熵：entropy

緯度：latitude

耦合：couple（動詞）

膜：brane

膜世界：brane world

膜世界模型：brane world model

複雜度：complexity

質子：proton

質能：matter energy

質量：mass

橢圓星系：elliptical galaxy

機率：probability

機率分布：probability distribution

歷史總和：sum over histories

盧卡斯教席：Lucasian chair

輻射：radiation

遺傳工程：genetic engineering，亦稱「基因工程」

遺傳資訊：genetic information

隨機碰撞：random collision

靜電力：electric force, electrostatic force

靜態宇宙：static universe

靜態解：static solution

頻率：frequency

壓力波：pressure wave

嬰宇宙：baby universe

環面：torus

環繞速度：circular velocity

聲波：sound wave

聯邦工藝學院：ETH (Federal Polytechnical School)

臨界半徑：critical radius

臨界宇宙：critical universe

臨界值：critical value

臨界質量：critical mass

臨界體積：critical size

薛丁格方程式：Schrödinger equation 吧

螺旋星系：spiral galaxy

邁克生─莫雷實驗：Michelson-Morley experiment

隱變數：hidden variable

黏性：viscosity

擴張：expansion，俗稱「膨脹」

擴張率：rate of expansion

擴張期：expanding phase

擺：pendulum

獵戶座星雲：Orion Nebula，亦稱「獵戶星雲」

藍移：blue shift

雙重暴脹：double inflation

雙螺旋：double helix

額外維度：extra dimension

譜、光譜：spectrum

邊界：boundary

邊界條件：boundary condition

類時曲線：timelike curve

類時路徑：timelike path

蘇黎世：Zurich（地名）

孿生子弔詭：twin paradox

彎曲時空：curved spacetime

鹼基對：base pair

觀測者：observer

國家圖書館出版品預行編目資料

胡桃裡的宇宙／Stephen Hawking著；葉李華
譯.－－初版.－－臺北市：大塊文化，2001【民90】
面； 公分.
譯自：The universe in a nutshell
ISBN 957-0316-98-5(平裝)

1.量子力學

339.1 90017738

LOCUS

LOCUS

LOCUS

LOCUS